U0904087

国家级实验教学示范中心系列规划教材
普通高等院校机械类“十一五”规划实验教材

微机原理及应用实验教程

WEIJI YUANLI JI YINGYONG SHIYAN JIAOCHENG

主编　曾　荣　王　军

主审　陈富林

華中科技大學出版社
http://www.hustp.com
中国·武汉

内 容 简 介

本书是在总结南京航空航天大学国家机械实验教学示范中心多年教学经验的基础上编写的。编写的指导思想是：学生在学完“微机原理及应用”理论课程后，需要综合性的实验来加深对理论知识的理解，以提高工程实践水平。本书既有基本的微机实验，也有综合应用实验。实验紧密结合微机在机械控制中的应用，目的在于通过实验使学生熟悉 MCS-51 单片机性能及控制技术，特别是在工业控制中常用的接口电路的设计方法及实现技术。根据教学要求及课程特点，《微机原理及应用实验教程》中的系列实验是从教学和科研的实际应用中总结和提取出来的关键技术，主要包括程序设计、内部功能、实时控制、顺序控制、条件控制、数据采集、综合应用等内容。

本书可作为机械类学生学习微机原理及应用实验课程的实验指导书，也可供非机械类学生学习参考。

图书在版编目(CIP)数据

微机原理及应用实验教程/曾　荣　王　军　主编. —武汉：华中科技大学出版社，2011.9
ISBN 978-7-5609-7159-9

Ⅰ.微…　Ⅱ.①曾…　②王…　Ⅲ.单片微型计算机-教材　Ⅳ.TP368.1

中国版本图书馆 CIP 数据核字(2011)第 108495 号

微机原理及应用实验教程　　　　曾　荣　王　军　主编

策划编辑：万亚军
封面设计：潘　群
责任编辑：刘　飞
责任校对：朱　霞
责任监印：张正林
出版发行：华中科技大学出版社(中国·武汉)
武昌喻家山　　邮编：430074　　电话：(027)87557437
录　　排：武汉楚海文化传播有限公司
印　　刷：湖北通山金地印务有限公司
开　　本：787mm×1092mm　1/16
印　　张：6.25　　插页：2
字　　数：152 千字
印　　次：2011 年 9 月第 1 版第 1 次印刷
定　　价：14.00 元

序

知识来源于实践，能力来自于实践，素质更需要在实践中养成，各种实践教学环节对于培养学生的实践能力和创新能力尤其重要。一个不争的事实是，在高校人才培养工作中，当前的实践教学环节非常薄弱，严重制约了教学质量的进一步提高。这引起了教育工作者、企业界人士乃至普通百姓的广泛关注。如何积极改革实践教学内容和方法，制订合理的实践教学方案，建立和完善实践教学体系，成为高等工程教育乃至全社会的一个重要课题。

有鉴于此，“教育振兴行动计划”和“质量工程”都将国家级实验教学示范中心建设作为其重要内容之一。自 2005 年起，教育部启动国家级实验教学示范中心评选工作，拟通过示范中心实验教学的改进，辐射我国 2000 多万在校大学生，带动学生动手实践能力的提高。至今已建成 219 个国家级实验教学示范中心，涵盖 16 个学科，成果显著。机械学科至今也已建成 14 个国家级实验教学示范中心。应该说，机械类国家级实验教学示范中心建设是颇具成果的：各中心积极进行自身建设，软硬件水平都是国内机械实验教学的最高水平；积极带动所在省或区域各级机械实验教学中心建设，发挥辐射作用；成立国家级实验教学示范中心联席会机械学科组，利用这一平台，中心间交流与合作更加频繁，力争在示范辐射作用方面形成合力。

尽管如此，应该看到，作为实践教学的一个重要组成部分，实验教学依然还很薄弱，在政策、环境、人员、设备等方方面面还面临着许多困难，提高实验教学水平进而改变目前实践教学薄弱的现状，还有很多工作要做，国家级实验教学示范中心责无旁贷。近年来，高校实验教学的硬件设备都有较大的改善。与之相对应的是，实验教学在软的方面还亟待提高。就机械类实验教学而言，改进实验教学体系、开发创新性实验教学项目、加大实验教材建设这三点就成为当务之急。实验教学体系与理论教学体系相辅相成，但与理论教学体系随着形势发展不断调整相比，现有机械实验教学体系还相对滞后，实验项目还缺少设计性、创新性和综合性实验，实验教材也比较匮乏。

华中科技大学出版社在国家级实验教学示范中心联席会机械学科组的指导下，邀请机械类国家级实验教学示范中心，交流各中心实验教学改革经验和教材建设计划，确定编写这套《普通高等院校机械类"十一五"规划实验教材》，是一件非常有意义的事情，顺应了机械类实验教学形势的发展，可谓正当其时。其意义不仅在实验教材的编写出版满足了本校实验教学的需要。更因为经过多年的积累，各机械类国家级实验教学示范中心已开发出不少创新性实验教学项目，将其写入教材，既满足本校实验教学的需要，又展示了各中心创新性实验教学项目开发成果，更为我国机械类实验教学开发提供借鉴和参考，体现了示范中心的辐射作用。

国内目前机械类实验教学体系尚未形成统一的模式，基于目前情况，"普通高等院校机械类'十一五'实验规划教材"提出以下出版思路：各国家级实验教学示范中心依据自身的实验教学体系，编写本中心的实验系列教材，构成一个子系列，各子系列教材再汇聚成《普通高等院校机械类"十一五"规划实验教材》丛书。以体现百花齐放，全面、集中地反映各机械类国家级实验教学示范中心的实验教学体系。此举对于国内机械类实验教学体系的形成，无疑将是非常有益的探索。

感谢参与和支持这批实验教材建设的专家们，也感谢出版这批实验教材的华中科技大学出版社的有关同志。我深信，这批实验教材必将在我国机械类实验教学发展中发挥巨大的作用，并占据其应有的地位。

国家级实验教学示范中心联席会机械学科组组长
《普通高等院校机械类"十一五"规划实验教材》丛书主编

2008 年 9 月

前　言

由于单片机具有高可靠性、体积小、低价格、易开发等特点，在仪器仪表智能化、工业实时控制、数据采集、通信产品、办公自动化、消费类电子产品（如嵌入到玩具、家用电器中）、金融电子系统及个人信息终端等领域得到广泛的应用。很多高等学校均开设了微机原理及应用相关方面的课程，这是一门技术性、实践性较强的课程，必须通过一系列软硬件实验，理论联系实际，加强实际动手能力，才能加深理解，取得较好的学习效果。

微机原理及应用实验是对课堂理论知识的补充与实践，使学生通过实验，领会课堂中学习的理论知识，培养学生的动手能力及独立思考问题、解决问题的能力。

本书共分 4 章。第 1 章单片机基础知识，包含硬件和软件实验；第 2 章内部功能实验；第 3 章接口扩展实验；第 4 章工业控制应用实验。

本实验教程所选实验项目尽量做到由浅入深、循序渐进，与工业自动化控制紧密结合。通过实验使学生提高学习理论课程的兴趣和提高对理论知识的理解，以及提高工程实践能力。实验系统为模块结构，方便学生进行各种实验。

本实验共 32 学时，实验学时分配：实验软硬件系统介绍 2 学时，单片机基础知识及程序语言设计 6 学时，MCS-51 系列单片机内部功能实验 6 学时，MCS-51 系列单片机接口扩展实验 10 学时，MCS-51 系列单片机工业应用实验 8 学时。可根据不同的情况，确定不同的学时，选择其中的实验。实验过程为理论分析、系统设计、硬件线路搭建、程序编写、调试程序、讨论答辩。

本书可作为机械类学生学习微机原理及应用实验课程的实验指导书，也可供非机械类学生学习参考。

由于编者时间仓促，书中难免有疏漏之处，恳请广大读者批评指正。

作　者

2011 年夏于南京

目 录

第1章 单片机基础知识

1.1 单片机简介

将微型计算机的中央处理器(CPU)、存储器(ROM /RAM)、输入/输出接口(I/O)、定时器/计数器等制作在一块集成电路芯片上(见图 1-1),称之为单片微型计算机,简称单片机。单片机以其体积小、重量轻、成本低、功耗低、可靠性好及易扩展等优点,被广泛地应用于工业自动化、智能仪器仪表、武器装备、通信产品、办公自动化、消费类电子产品(如嵌入到玩具、家用电器中)、金融电子系统及个人信息终端等行业得到广泛应用,成为现代电子系统中最重要的智能化工具。

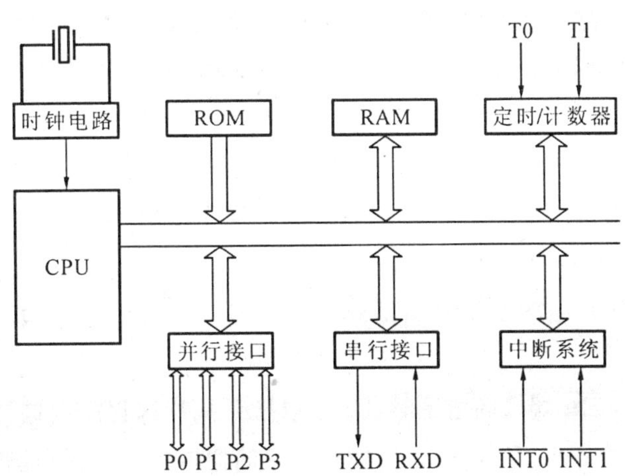

图 1-1 单片机内部结构

MCS-51 单片机是 INTEL 公司 20 世纪 80 年代初的产品,早期产品现已淘汰。因 MCS-51 单片机影响极深远,许多公司都推出了兼容系列单片机,MCS-51 单片机内核实际上已经成为一个 8 位单片机的标准。现单片机(见图 1-2)的生产商已生产出几十个系列数百个品种,基本为双列直插式 40 引脚芯片(见图 1-3),各种型号芯片引脚大都相互兼容。

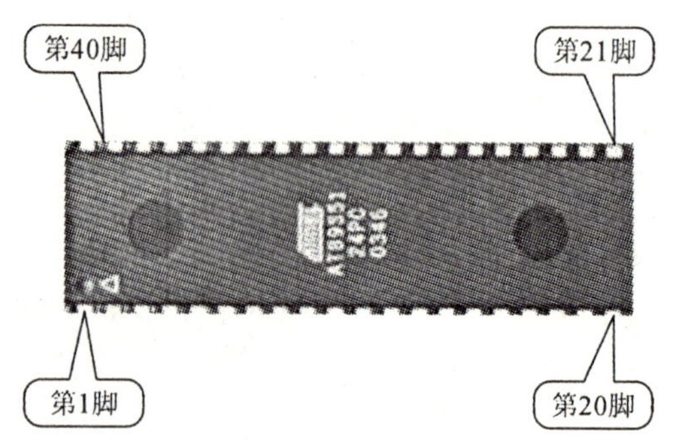

图 1-2 单片机芯片实物

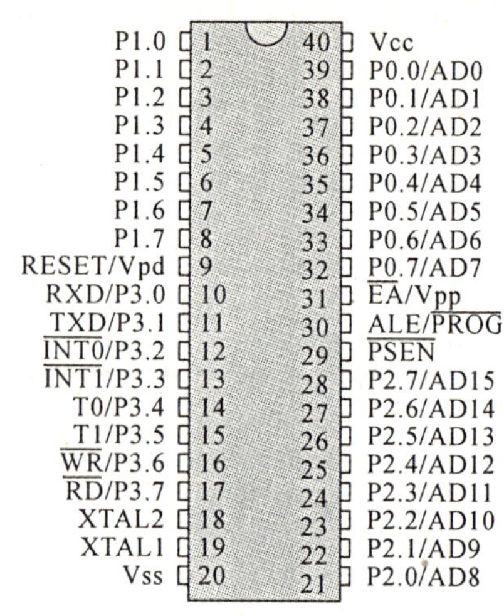

图 1-3 MCS-51 系列单片机引脚图

1. 引脚说明

1）主电源引脚 Vcc 和 Vss

Vcc(40 脚)：主电源接＋5V。

Vss(20 脚)：接地。

2）时钟电路引脚 XTAL1 和 XTAL2

时钟电路引脚 XTAL1(19 脚)和 XTAL2(18 脚)外接晶体与片内的反相放大器构成 1 个振荡器，为单片机提供时钟信号。这两个引脚也可外接独立晶体振荡器。

3）控制信号 RESET/Vpd、ALE/$\overline{\text{PROG}}$、$\overline{\text{PSEN}}$ 和 $\overline{\text{EA}}$/Vpp

RESET/Vpd(9 脚)：复位信号输入端，高电平有效，宽度在 24 个时钟周期宽度以上，使单片机复位。该引脚有复用功能，Vpd 为备用电源输入端，防止因主电源掉电而丢失 RAM 中的内容。

ALE/$\overline{\text{PROG}}$(30 脚)：ALE 地址锁存信号端。访问片外存储器时，ALE 用作低八位地址的锁存控制信号；当不访问片外存储器时，ALE 以六分之一的时钟振荡频率固定输出脉冲。ALE 端负载驱动能力为 8 个 LSTTL 门。$\overline{\text{PROG}}$ 为复用功能，当对片内程序存储器编程时，由此脚输入编程脉冲。

$\overline{\text{PSEN}}$(29 脚)：访问片外程序存储器选通信号端，低电平有效，负载驱动能力为 8 个 LSTTL门。

$\overline{\text{EA}}$/Vpp(31 脚)：$\overline{\text{EA}}$ 端接高电平时，CPU 取指令从片内程序存储器自动顺延至片外程序存储器；$\overline{\text{EA}}$ 端接低电平时，CPU 仅从片外程序存储器取指令。该引脚有复用功能，Vpp 为片内程序存储器编程时的编程电压。

4）输入/输出引脚 P0、P1、P2 和 P3 口

P0. 0～P0. 7(39～32 脚)：P0 口为一个 8 位漏级开路双向 I/O 口，负载能力为 8 个 LSTTL 门。访问片外存储器时作为低八位地址线和八位数据线(复用)。

P1. 0～P1. 7(1～8 脚)：8 位准双向 I/O 口，负载能力为 4 个 LSTTL 门。

P2. 0～P2. 7(21～28 脚)：8 位准双向 I/O 口，负载能力为 4 个 LSTTL 门，访问片外存储

器时作为高八位地址线和八位数据线(复用)。

P3.0～P3.7(10～17脚):8位准双向I/O口。负载能力为4个LSTTL门。另外还有专门的第二功能。

P3.0(10脚): RXD(串行口输入端)。

P3.1(11脚):TXD(串行口输出端)。

P3.2(12脚):$\overline{\text{INT0}}$(外部中断0输入端)。

P3.3(13脚):$\overline{\text{INT1}}$(外部中断1输入端)。

P3.4(14脚):T0(定时器/计数器0外部输入端)。

P3.5(15脚):T1(定时器/计数器1外部输入端)。

P3.6(16脚):$\overline{\text{WR}}$(片外数据存储器写选通信号输出端)。

P3.7(17脚):$\overline{\text{RD}}$(片外数据存储器读选通信号输出端)。

2. 存储器配置

MCS-51单片机在物理上有四个存储空间:片内程序存储器空间、片外程序存储器空间、片内数据存储器空间、片外数据存储器空间。

MCS-51单片机在逻辑上有三个存储空间(见图1-4):片内外统一编址的64 KB程序存储空间;片内256 B数据存储空间;片外64 KB数据存储空间。这三个空间地址可能会重叠,因此访问这三个不同的逻辑空间要采用不同的汇编语言指令。

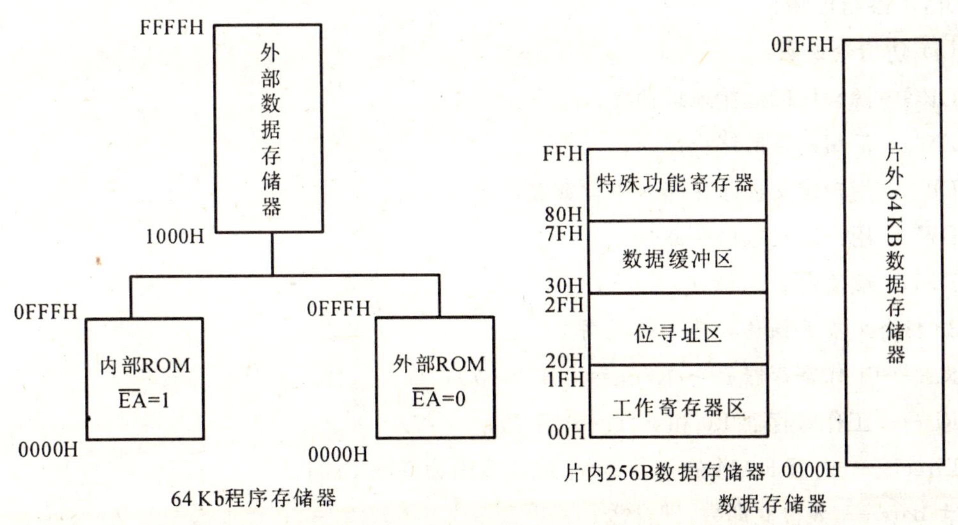

图1-4 MCS-51单片机存储器结构图

1.2 MCS-51单片机系统的编程语言

MCS-51单片机支持汇编、C51、PL/M和BASIC四种语言编程。在本实验教程使用的设备中,只用汇编语言进行编程。

1. 指令系统简介

指令是指挥计算机执行某种操作的命令，一台计算机所有指令的集合称为计算机的指令系统。一条指令可用两种语言形式表示，即机器语言指令和汇编语言指令。机器语言指令用二进制代码表示，计算机能直接识别并执行。汇编语言指令用助记符表示，它便于程序员编写、阅读和识别程序，必须汇编成机器语言指令才能被计算机所识别并执行。MCS-51 单片机的汇编语言指令系统是一种简明易用、效率较高的指令系统，它共有 111 条指令，按其功能分可分为五类：① 数据传送类(28 条)；② 算术运算类(24 条)；③ 逻辑运算类(25 条)；④ 控制转移类(17 条)；⑤ 位操作类(17 条)。它还定义了伪指令，伪指令不属于 MCS-51 单片机指令系统中的汇编语言，但对汇编过程起到特殊的控制作用。

2. 汇编语言指令格式

标号：操作码助记符[(目的操作数)，(源操作数)]；注释

(1) 标号：用符号表明该指令所在的符号地址，不是必需，可根据实际需要设置，用"："与操作码分隔开。

(2) 操作码：用来规定指令进行何种操作，是指令中不能空缺的部分。

(3) 操作数：表示参与指令操作的数据或数据所在的地址，为可选项。前一个为目的操作数，后一个为源操作数，两者之间用"，"分隔开。

(4) 注释：是对该条指令功能的解释，不是必需的，可根据实际需要设置，用"；"与指令主体分开，不参与汇编。

(5) 伪指令说明：

ORG　源程序的起始地址命令；

END　汇编语言的终止命令；

DB　用户定义程序存储区中常数表命令；

DW　用户定义数据字命令；

EQU　赋值命令。

3. 指令中有关操作数符号的说明

Rn——工作寄存器 R0～R7(n= 0、1、2…7)；

Ri ——工作寄存器 R0 和 R1(i=0 或 1)；

Direct——内部 RAM 的单元地址，地址范围为 00～FFH；

data——8 位立即数，即常数；

data16——16 位立即数。

1.3 汇编语言程序实验

1. 实验目的

熟悉 MCS-51 单片机的指令系统，掌握数据控制类指令、逻辑运算指令、控制转移指令，从

而掌握汇编语言的多种设计与调试方法，熟悉调试环境。通过实验直观了解 MCS-51 单片机的存储空间分布及存储器的特点，掌握二进制数的运算规律。

2. 实验设备及基本步骤

仿真实验设备一台、PC 机一台。

基本步骤：① 连接 PC 机与实验仿真设备；
② 打开 PC 机及实验仿真设备电源；
③ 连接 PC 机与调试系统。

3. 实验实例

实验 1-1　清零实验

1）实验内容

将 7000H～70FFH 字节中的内容清零。

2）实验程序流程及参考程序

清零程序流程如图 1-5 所示，参考程序如下。

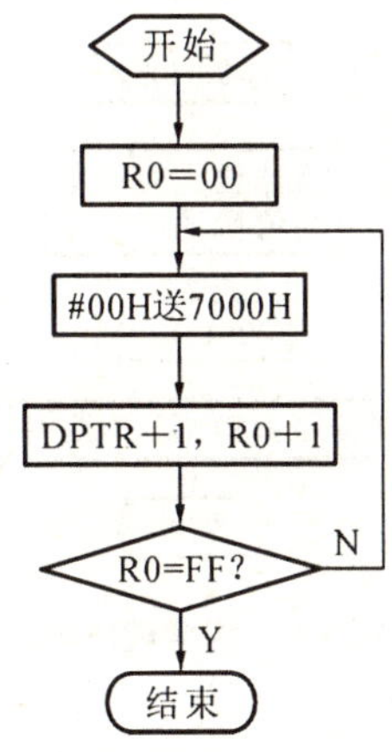

图 1-5　清零程序流程

```
        ORG 0030H
CLEAR：  MOV R0,#00H
        MOV DPTR,#7000H
CLEAR1：CLR A
        MOVX @DPTR,A           ；清理第一个数据单元
        INC DPTR
        INC R0
        CJNE R0,#00H,CLEAR1
        SJMP CLEAR             ；256 个字节清零结束
        END
```

3）实验步骤

① 编写软件，用存储器读写法向 7000H～70FFH 单元写数据(任意)；

② 单步运行或断点运行程序；

③ 单步、断点运行完后，在存储器窗口内检查 7000H～70FFH 中的内容是否全为 00H。

4）思考

把 7000H～70FFH 中的内容改成 AA，如何编制程序？

实验 1-2 拆、拼字实验

1）实验内容

(1) 将片外数据区 7000H 单元中内容拆开，高位送 7001H 单元低位，低位送 7002H 单元低位，7001H、7002H 高位清零。本程序一般用于将数据送入显示缓冲区时用。

(2) 将片外 7100H、7101H 单元中的数据低位拼合后送入 7102H 单元中，7100H 低位为 7102H 的高位。本程序一般用于把显示缓冲区的数据取出拼成一个字节。

2）实验程序流程及参考程序

(1) 拆字程序流程如图 1-6 所示，参考程序如下。

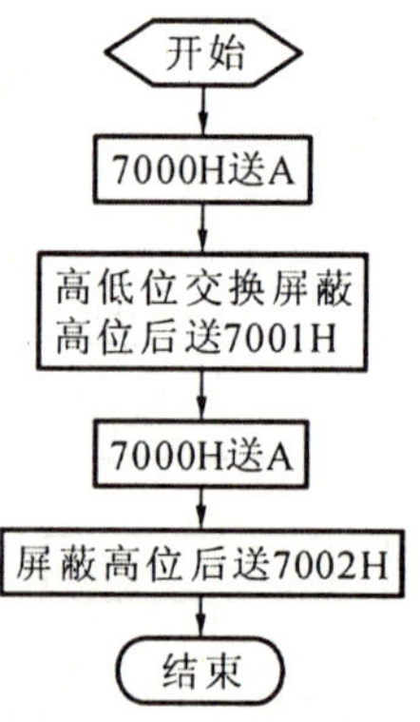

图 1-6 拆字程序流程

```
ORG 0050H
MOV DPTR,#7000H     ;设数据指针 DPTR=7000H
MOVX A,@DPTR        ;取 7000H 单元内容至 A
MOV B,A
SWAP A
ANL A,#0FH
INC DPTR
MOVX @DPTR,A        ;将 7000H 单元内的高半字节存入 7001H
INC DPTR
MOV A,B
ANL A,#0FH
MOVX @DPTR,A        ;将 7000H 单元内的低半字节存入 7002H
SJMP $              ;结束
END
```

(2) 拼字程序流程如图 1-7 所示,参考程序如下。

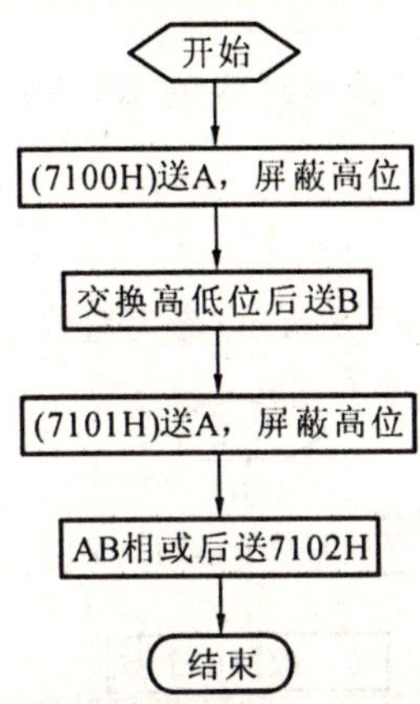

图 1-7 拼字程序流程

```
ORG 0070H
MOV DPTR,#7100H     ;设数据指针 DPTR=7100H
MOVX A,@DPTR
ANL A,#0FH
SWAP A
MOV B,A             ;将 7100H 单元中的高低半字节交换存入 B 中
INC DPTR
MOVX A,@DPTR        ;7100H 中的内容屏蔽高 4 位
ANL A,#0FH
ORL A,B
INC DPTR
MOVX @DPTR,A        ;两字节的内容相或(相拼)后存入 7102H
SJMP $
END
```

3) 实验步骤

① 用存储器读写法向 7000H、7100H、7101H 单元中置入数据(任意);

② 编写并运行调试程序(用连续运行法、单步运行等),观察 A、B 单元内容的变化;

③ 停止运行,检查结果。

4) 思考

试编写程序,将内部 70 单元放入 #EFH,拆开后分别放入 71H(高位)、72H(低位)单元中,再合并放入 75H 单元中。

实验 1-3 数据传送实验

1) 实验内容

(1) 将内部 RAM 的 30H~3FH 单元分别置初值 A0~AFH,然后将 30H~3FH 单元内

容分别传到片外 RAM 的 A800H～A80FH 单元内容，再将 A800H～A80FH 单元内容传送到内部 RAM 的 50H～5FH 单元。

（2）将 R2、R3 指定的源 RAM 区首地址内的 R6、R7 个字节数据，传送到 R4、R5 指定的目的 RAM 区。

2）实验程序流程及参考程序

（1）片内数据传送程序流程如图 1-8 所示，参考程序如下 。

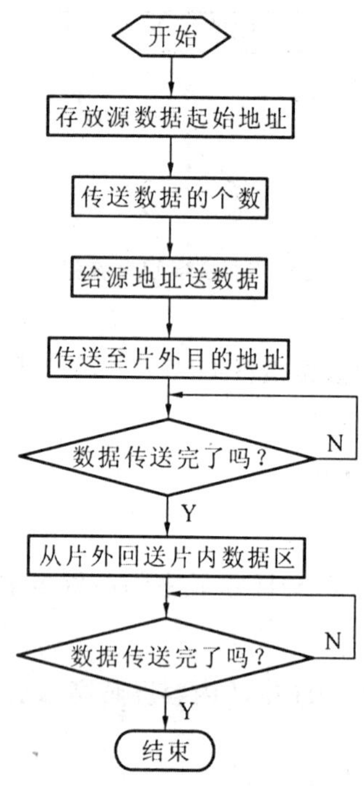

图 1-8　片内数据传送程序流程

```
        ORG 0000H
        AJMP MAIN
        ORG 0100H
MAIN：  MOV R0，#30H          ；片内存放数的起始地址
        MOV R2，#10H
        MOV A，#0A0H
A1：    MOV @R0，A            ；开始片内置数
        INC R0
        INC A
        DJNZ R2，A1
        MOV R0，#30H
        MOV DPTR，#0A800H
        MOV R2，#10H
A2：    MOV A，@R0            ；将数据送到片外
```

```
        MOVX @DPTR,A
        INC R0
        INC DPTR
        DJNZ R2,A2
        MOV R0,#50H         ;回送到片内的起始地址
        MOV DPTR,#0A800H
        MOV R2,#10H
A3:     MOVX A,@DPTR        ;将数据从片外传送到片内地址
        MOV @R0,A
        INC R0
        INC DPTR
        DJNZ R2,A3
        SJMP $
        END
```

(2) 数据块传送程序流程如图1-9所示，参考程序如下。

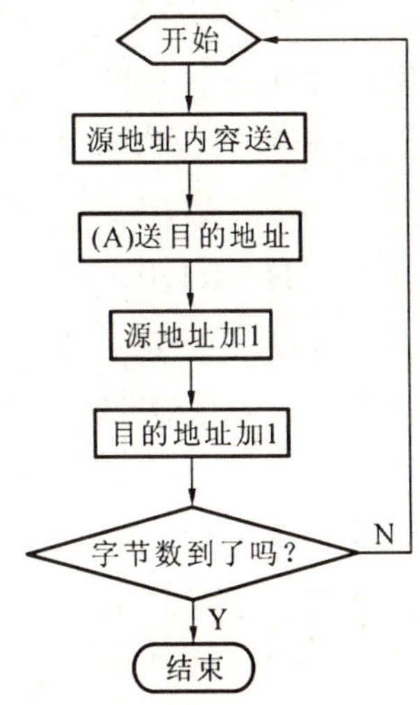

图1-9 数据块传送程序流程

```
        ORG 0090H
DMVE:   MOV SP,#70H
        MOV R2,#60H
        MOV R3,#00H
        MOV DPL,R3
        MOV DPH,R2
        MOVX A,@DPTR        ;取源操作数
        MOV DPL,R5
        MOV DPH,R4
```

```
        MOVX @DPTR,A          ;存入目的地址中
        CJNE R3,#0FFH,DMVE1
        INC R2
DMVE1:  NC R3                 ;源地址加 1
        CJNE R5,#0FFH,DMVE2
        INC R4
DMVE2:  INC R5                ;目的地址加 1
        CJNE R7,#00H,DMVE5
        CJNE R6,#00H,DMVE6    ;未传送完成字节数减 1
DMVE5:  DEC R7
        SJMP DMVE
DMVE6:  DEC R7
        DEC R6
        SJMP DMVE             ;未完继续
        END
```

3) 实验步骤

(1) 编写程序,分别用单步和跟踪方法调试程序,查看内部 RAM 30H～3FH 各单元、50H～5FH 各单元内数据是否正确,查看外部数据区 A800H～A80FH 各单元内数据是否正确;

(2) 在 R2、R3 装入源首地址(如 6000H),R4、R5 装入目的首地址(如 60FFH),R6、R7 装入传送字节数(如 00FFH);编写并调试程序,用正常运行、单步运行、设断点运行等方法调试,观察各运行状态下的源数据区(6000H)和目的数据区(60FFH)的变化。

4) 思考

(1) 试编写一程序,将 0～10 送入 40H～4AH 单元。

(2) 能否将单片机内部存储区的数据进行块移动。

实验 1-4　数据比较类实验

1) 实验内容

(1) 编写并调试一个排序子程序,用冒泡法将内部 RAM 中几个单元字节无符号的正整数,按从小到大的次序重新排列。

(2) 在 30H～39H 单元内置入 10 个无符号数,并找出其中最大数置于 50H 单元中。

(3) 统计片外存储区 4000H～400FH 单元中数据是“00”的个数,结果存放在 4100H 单元。

2) 实验程序流程及参考程序

(1) 数据排序程序流程如图 1-10 所示,参考程序如下。

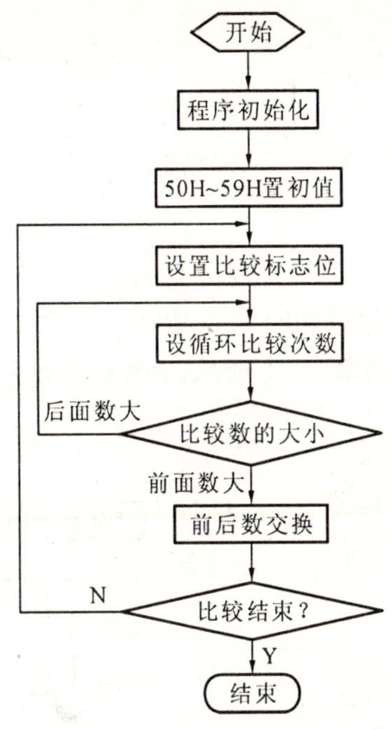

图 1-10 数据排序程序流程

```
        ORG 0100H
DORDE:  MOV SP,#60H         ；设堆栈指针
        MOV R3,#50H
DORDE1: MOV A,R3
        MOV R0,A            ；数据长度指针传送 R0
        MOV R7,#0AH         ；长度送 R7
        CLR 00H             ；清理标志位
        MOV A,@R0
DORDE2: INC R0
        MOV R2,A
        CLR C
        MOV 22H,@R0
        CJNE A,22H,DORDE    ；相等否
        SETB C
DORDE3: MOV A,R2
        JC DORDE4           ；小于或等于不交换
        SETB 00H
        XCH A,@             ；大于交换位置
        DEC R0
        XCH A,@R0
```

```
        INC R0
DORDE4: MOV A,@R0
        DJNZ R7,DORDE2
        JB 00H,DORDE           ；未完继续
        SJMP    $
        END
```

(2) 无符号数字比大小程序流程如图 1-11 所示。

(3) 找相同数个数程序流程如图 1-12 所示，参考程序如下。

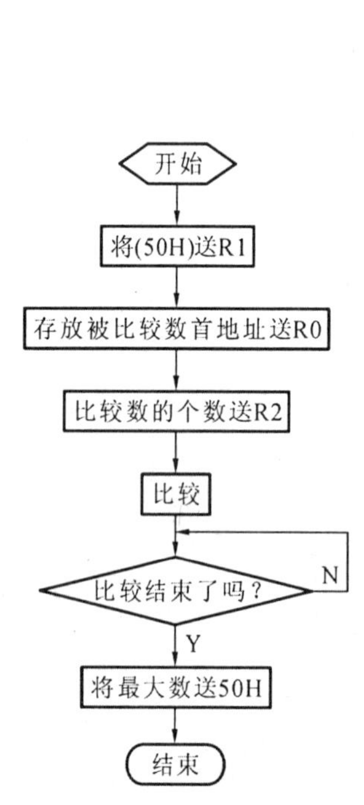

图 1-11　无符号数字比大小程序流程

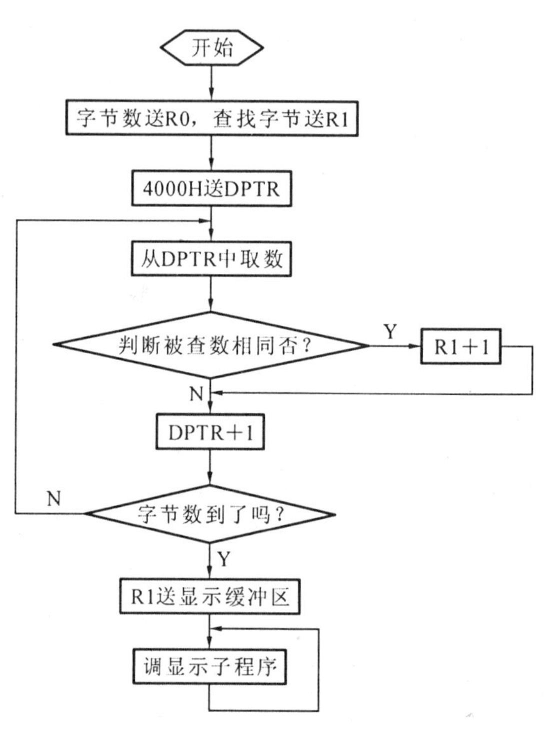

图 1-12　找相同数个数程序流程

```
        ORG 0000H
        AJMP CAZAO
        ORG 0160H
CAZAO:  MOV SP,#60H
        MOV R0,#10H            ；查找长度
        MOV R1,#00H
        MOV DPTR,#4000H
CAZAO1: MOVX A,@DPTR
        CJNE A,#00H,CAZAO2     ；取出的内容与 00H 相等吗？
        INC R1
CAZAO2: INC DPTR
```

```
        DJNZ R0,CAZAO1          ；未完继续
        MOV DPTR,#4100H
        MOV A,R1
        MOVX @DPTR,A            ；相同数的个数送入 4100H 单元
CAZAO3：SJMP CAZAO3
        END
```

3）实验步骤

（1）用寄存器读写方法在片内 RAM 区 50H～59H 中放入不等的数据（任意，但不相同）；编写并调试程序，用连续运行方式运行程序；检查 50H～59H 中内容是否从小到大排列，修改程序把 50H～59H 中的内容按从大到小排列。

（2）编写输入程序，将 10 个任意数置 30H～39H 内，单步调试，观察寄存器及 A 的变化，全速运行，查看结果是否正确；改变数的大小、重复实验。修改该程序，变为找出最小数放在 60H 单元中。

（3）用寄存器读写方法在 4000H～400FH 的单元中放入随机数，其中几个单元中输入零；编写并调试程序，用连续方式运行程序；查看 4100H 单元中内容。

实验 1-5 二进制数运算实验（无符号数运算）

1）实验内容

（1）编写无符号 BCD 码十进制数加法程序，单步调试并观察每步运行的结果。将被加数置于 30H～32H 单元，加数置于 40H～42H 单元，结果置于 50H～53H 单元。

```
              [32H] [31H] [30H]
       +      [42H] [41H] [40H]
       ----------------------------
        [53H] [52H] [51H] [50H]
```

（2）三字节被乘数放在 31H～33H 单元（从低到高字节），一字节乘数放在 30 单元，乘积放在 3AH～3DH 单元（从低到高字节）。

例：443 322 * 11＝？(33H)＝44H、(32H)＝33H、(31H)＝22H、(30H)＝11H

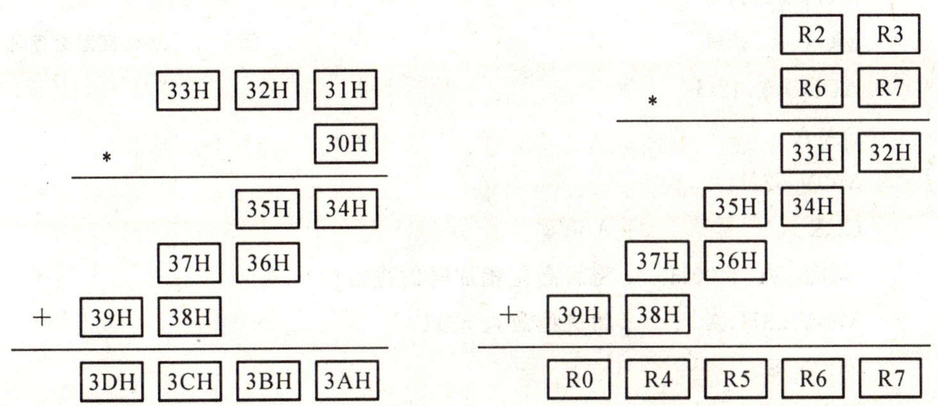

(3) 双字节整数二进制数转换为十进制数，将十六位二进制数放在 R2、R3 中，经二进制数与十进制数的转换后，结果放在 R4、R5、R6 中(从高到低字节)，如：

R2＝FFH、R3＝FFH，R4、R5、R6＝?

整数二进制数转换十进制数表达式：

$$B=B^{N-1}*2^{N-1}+B^{N-2}*2^{N-2}+\cdots\cdots+B^{1}*2^{1}+B^{0}*2^{0}$$

式中：B 为二进制数，N 为二进制数的位数。如：

$$(11001)_B=1*2^4+1*2^3+0*2^2+0*2^1+1*2^0=(25)_D$$

2) 实验程序流程及参考程序。

(1) 加法实验程序流程如图 1-13 所示，参考程序如下。

```
      ORG 0000H
      AJMP MAIN
      ORG 0100H
MAIN: MOV 30H,#24H
      MOV 31H,#36H
      MOV 32H,#54H
      MOV 40H,#21H
      MOV 41H,#38H
      MOV 42H,#56H
      CLR C
      MOV A,30H
      ADD A,40H
      DA A            ；二进制数与十进制数转换
      MOV 50H,A
      MOV A,31H
      ADDC A,41H
      DA A
      MOV 51H,A
      MOV A,32H
      ADDC A,42H
      DA A
      MOV 52H,A
      CLR A           ；A 清零
      ADDC A,#00H     ；将最高位相加时的进位放入 A
      MOV 53H,A       ；将进位放入 53H
      SJMP $
      END
```

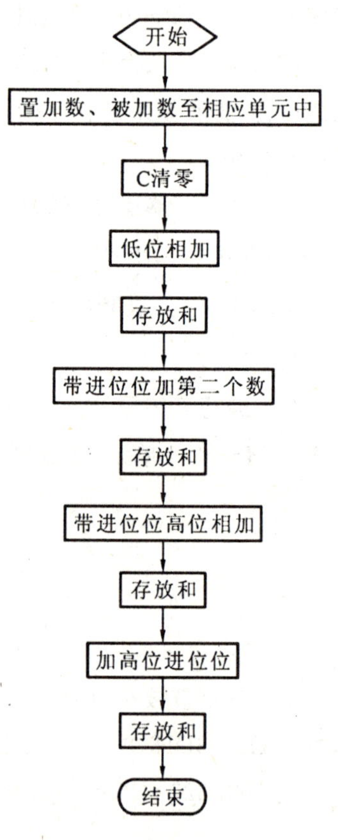

图 1-13 加法实验程序流程

(2) 乘法实验程序流程如图1-14所示,参考程序如下。

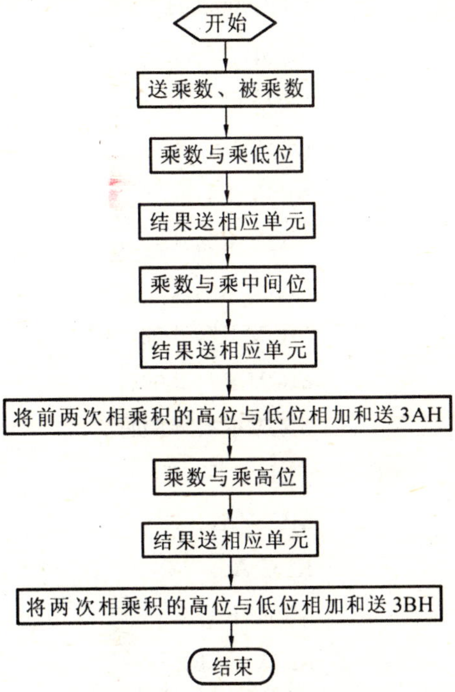

```
        ORG 0000H
        AJMP MAIN
        ORG 0200H
MAIN:MOV 30H,#11H
        MOV 31H,#22H
        MOV 32H,#33H
        MOV 33H,#44H
        MOV A,30H
        MOV B,31H
        MUL AB              ;(31H)*(30H)
        MOV 3AH,A
        MOV 35H,B
        MOV A,30H
        MOV B,32H
        MUL AB              ;(32H)*(30H)
        MOV 36H,A
        MOV 37H,B
        MOV A,35H
        ADD A,36H           ;将(30H)与(31H)乘积的高位和(32H)与(30H)乘积的低位相加
        MOV 3BH,A           ;将(35H)+(36H)之和送3BH单元
        MOV A,30H
        MOV B,33H
        MUL AB              ;(32H)*(30H)
        MOV 38H,A
        MOV 39H,B
        MOV 3AH,34H
        MOV 3BH,A
        MOV A,37H
        ADDC A,38H
        MOV 3CH,A
        CLR A
        ADDC A,39H
        MOV 3DH,A
        SJMP $
        END
```


图1-14 乘法实验程序流程

(3) 双字节整数二进制数转换为十进制数程序流程如图 1-15 所示，参考程序如下。

```
      ORG 0000H
      AJMP MAIN
      ORG 0500H
MAIN: CLR A
      MOV R4,A
      MOV R5,A
      MOV R6,A
      MOV R7,#16
      MOV R2,#00H
      MOV R3,#64H
LOOP: CLR C
      MOV A,R3
      RLC A
      MOV R3,A
      MOV A,R2
      RLC A
      MOV R2,A
      MOV A,R6
      ADDC A,R6
      DA A
      MOV R6,A
      MOV A,R5
      ADDC A,R5
      DA A
      MOV R5,A
      MOV A,R4
      ADDC A,R4
      DA A
      MOV R4,A
      DJNZ R7,LOOP
      END
```

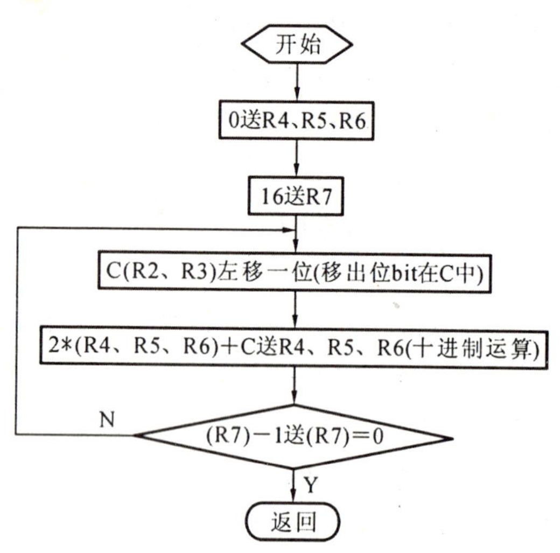

图 1-15 双字节整数二进制数转换为十进制数程序流程

3) 实验步骤

(1) 编写调试程序，分别用单步及跟踪方法调试程序，观察 DA A 指令前后 A 的变化，从而了解 DA A 指令的作用，观察 ADDC 运行后 C 的变化，计算 362418+382615=?；

(2) 编写、调试程序，全速运行调试，检查运算结果，改变乘数、被乘数的数值，调试、观察

运算结果;

(3) 编写输入程序,单步调试,观察每步程序运行后相关单元内的数据变化,连续运行程序;检查结果;R2=00H、R3=64H,R4、R5、R6=?,改变R2、R3中的数值,重复实验。

4) 思考

(1) 是否还有其他的编程方法来实现这个加法;请编程序,计算362418+382615=?

(2) 此程序运行结果是二进制数还是十进制数?

试编写一双字节二进制数乘双字节二进制数运算程序(用移位相加法编程),被乘数放在R3、R2,乘数放在R7、R6,乘积放在R7 、R6、R5 、R4、R0(从低到高字节)。

例:0FFF * 0FFF=?(R3)=(R7)=FFH、(R2)=(R6)=0FH

实验1-6 分支程序实验

1) 实验内容

编写分支程序,根据89C51片内RAM20H中的内容(00或01或02或03)进行分支。

2) 实验程序流程图

分支程序实验程序流程如图1-16所示。

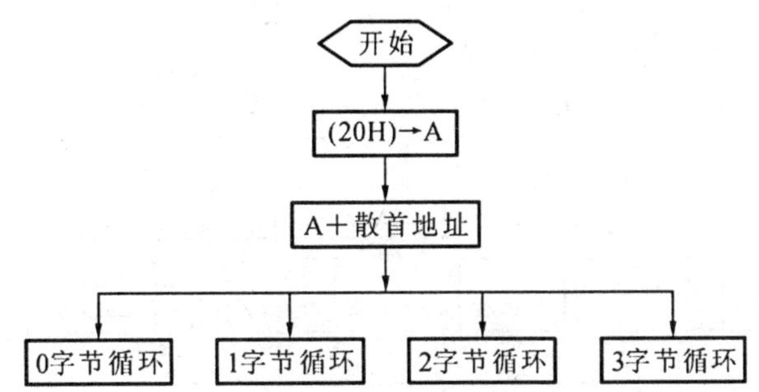

图1-16 分支程序实验程序流程

3) 实验步骤

编写调试程序,用单步调试,观察分支情况。

第2章

内部功能实验

2.1 单片机内部功能简介

MCS-51 单片机内部包含如下功能。内部结构如图 2-1 所示。

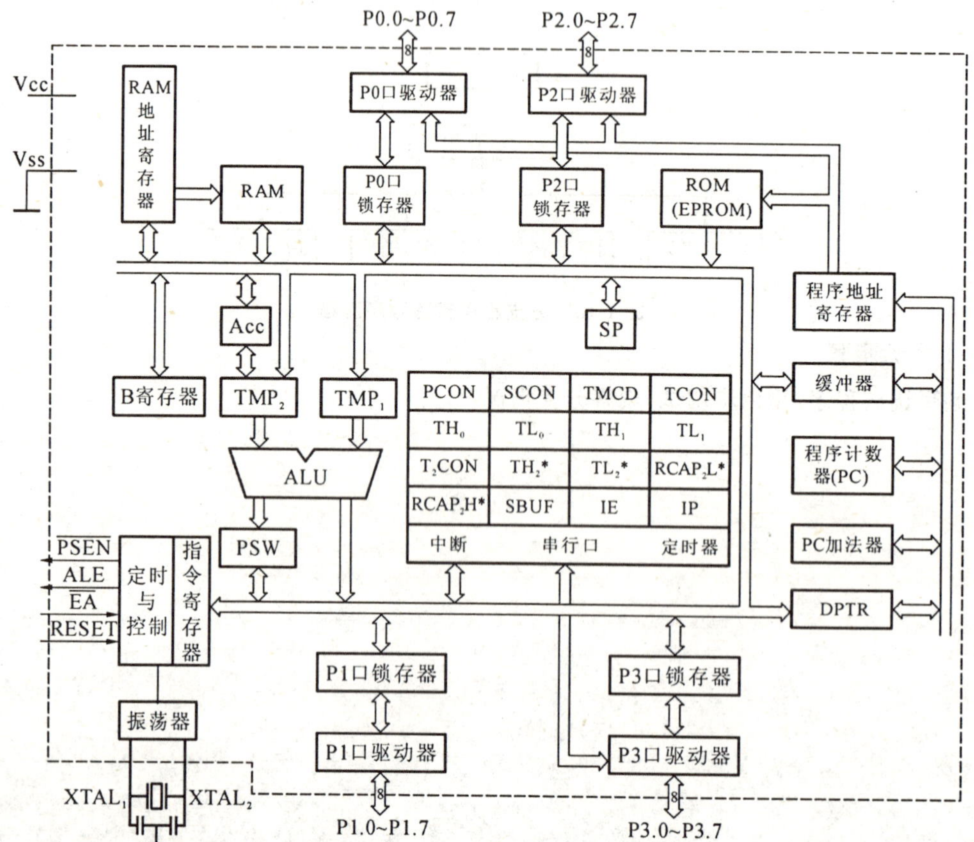

图 2-1 MCS-51 **单片机内部结构**

◇ 一个 8 位 CPU

◇ 振荡器和时钟电路

◇ 4K/8K 字节的程序存储器 ROM 或 EPROM

◇ 128/256 字节数据存储器 RAM

◇ 可寻址外部程序存储器和数据存储器各 64KB

◇ 二十多个特殊功能寄存器

◇ 32 线并行 I/O 口

◇ 1 个全双工串行 I/O 口

◇ 2/3 个 16 位定时器/计数器

◇ 5/6 个中断源，具有两个优先级

◇ 具有较强功能的位处理(布尔)功能

2.2 I/O 口功能实验单元

1. 预备知识

MCS-51 单片机有 4 个 8 位 I/O 口(P0～P3)，共 32 线，其中 P1、P2、P3 是准双向口，P0 是真正的三态双向口。P0、P2 为数据、地址复用，P3 口另具有第二特殊功能。作为特殊功能寄存器，它们与内部 RAM 统一编址。所有访问 RAM 的指令都能用来访问 I/O 口，并可进行位操作。

在实际应用中，系统常需要外部扩展，由 P0 口和 P2 口组成外部 16 位地址总线和 8 位数据总线，P3 口常作第二变异功能用，只有 P1 口常作 I/O 口用。当 P1 口用做输入口时，在使用前必须向锁存器写入“1”才能正常使用。

2. 实验目的

熟悉 MCS-51 单片机中 I/O 口的特性，通过实验了解 P1 口作为输入/输出方式使用时，CPU 对其的操作方法。

3. 实验设备及基本步骤

仿真实验设备一台、PC 机一台。

基本步骤：① 连接 PC 机与实验仿真设备；

② 打开 PC 机及实验仿真设备电源；

③ 连接 PC 机与调试系统。

4. 实验实例

实验 2-1 P1 口驱动 LED 实验

1) 实验内容

P1 口作为 8 位准双向口，每一位都可独立定义为输入/输出口。CPU 对 P1 口的操作可以是字节操作，也可以是位操作。P1 口连接 8 只 LED，作输出用，编写程序，通过 P1 口控制 LED 从右到左循环延时点亮。

2）实验线路及参考程序

P1 口驱动 LED 实验线路如图 2-2 所示，参考程序如下。

```
      ORG 0000H
      LJMP MAIN
      ORG 0600H
MAIN: MOV A,#0FEH     ;定义初始状态
      MOV R2,#8
L0:   MOV P1,A
      RR A            ;右移
      ACALL DL        ;延时
      DJNZ R2,L0      ;循环点亮
      LJMP MAIN
DL:   MOV R7,#0AAH
DL1:  MOV R6,#0FFH
DL2:  DJNZ R6,DL2
      DJNZ R7,DL1
      RET
      END
```

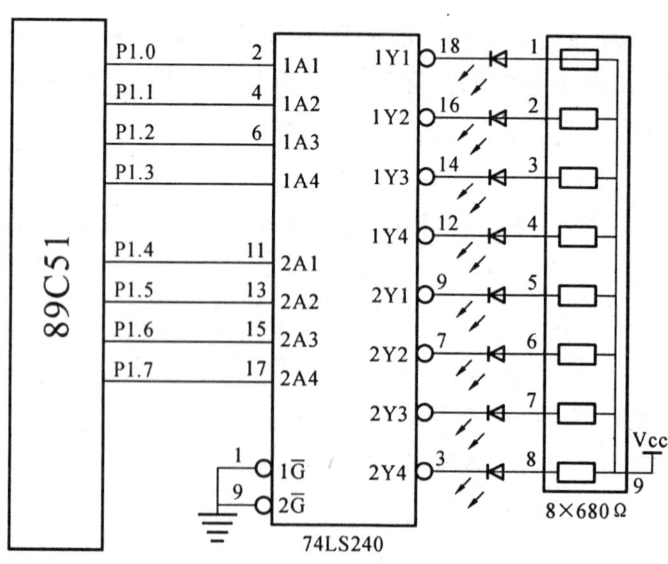

图 2-2　P1 口驱动 LED 实验线路

3）思考

（1）如何计算延时子程序延时时长。

（2）根据图 2-2 所示实验线路编制程序，使 8 个 LED 每隔 2 个向右或向左循环点亮。

实验 2-2 输入/输出口查询工作方式实验

1) 实验内容

P1.0、P1.1 设为输入，其中：P1.0 为工作状态位，P1.1 为报警状态位；P1.6、P1.7 设为输出，其端口均接有 LED。

当 P1.0=0 时，启动工作，连接在 P1.6 口的 LED 闪烁，同时不断查询 P1.1 的状态；当 P1.0=1 时，等待。

启动工作后，查询到 P1.1=0(S3 闭合)时，表示外设报警，连接在 P1.7 口的 LED 亮、电铃响，同时 P1.6 口的 LED 灭；当报警状态(S3 断开)撤销后，P1.7 口的 LED 灭、电铃停，重新查询工作状态位。

2) 实验线路、程序流程及参考程序

实验线路如图 2-3 所示，程序流程如图 2-4 所示，参考程序如下。

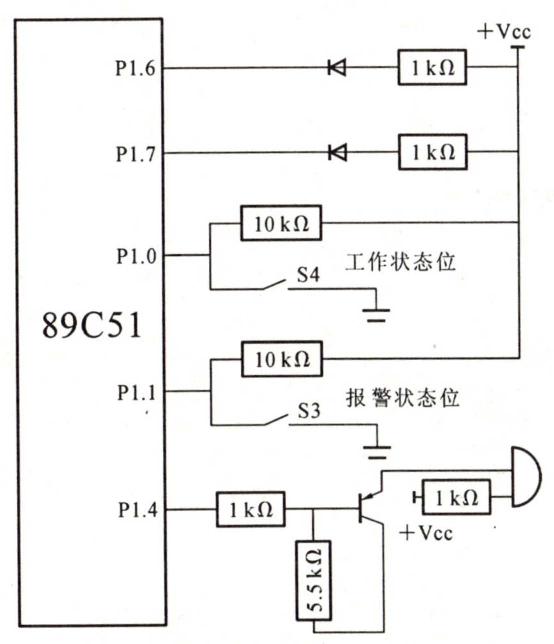

图 2-3 P1 口查询工作方式实验线路

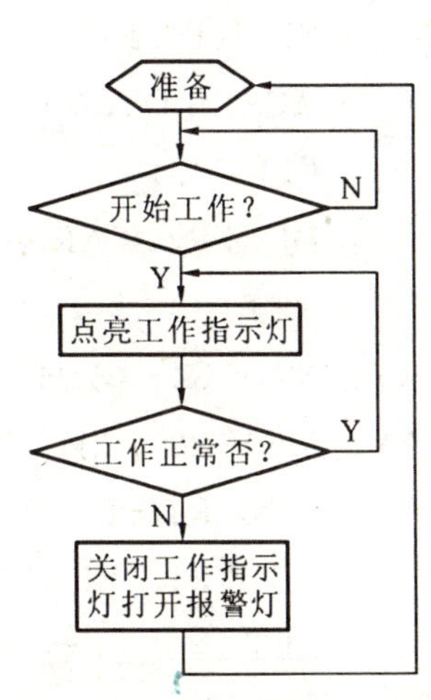

图 2-4 查询方式实验程序流程

```
        ORG 0000H
        AJMP OK
        ORG 0600H
OK:     MOV P1,#0FFH
MAIN:   JB P1.0,MAIN      ；等待
        SETB P1.6         ；启动工作
        ACALL DL
        CLR P1.6
        ACALL DL
        JB P1.1,MAIN      ；检测报警
```

```
WARN:   SETB P1.7         ;报警
        MOV R2,#0D0H
        ACALL WARN1
        ACALL DL
        CPL P1.7
        MOV R2,#0D0H
        ACALL WARN1
        ACALL DL
        JNB P1.1,WARN
        SJMP MAIN         ;报警解除
DL:     MOV R7,#0FFH
DL1:    MOV R6,#0FFH
DL2:    DJNZ R6,DL2
        DJNZ R7,DL1
        RET
WARN1:  SETB P1.4         ;报警铃响
        ACALL DELAY
        CLR P1.4
        DJNZ R2,WARN1
        RET
DELAY:  MOV R4,#30H
DELAY1: MOV R3,#2H
DELAY2: DJNZ R3,DELAY2
        DJNZ R4,DELAY1
        RET
        END
```

3）思考

如果利用 P1 口进行三点对三点的控制，如何设计？

实验 2-3　P3.3 输入、P1 口输出实验

1）实验内容

P3.3 口作输入口，P1 口作输出口，P3.3 口每输入一个脉冲，P1 口按十六进制数加一。编写程序，使 P1 口接的 8 个 LED 按十六进制数加 1 的方式点亮。

2）实验线路、程序流程及参考程序

实验线路如图 2-5 所示，程序流程如图 2-6 所示，参考程序如下。

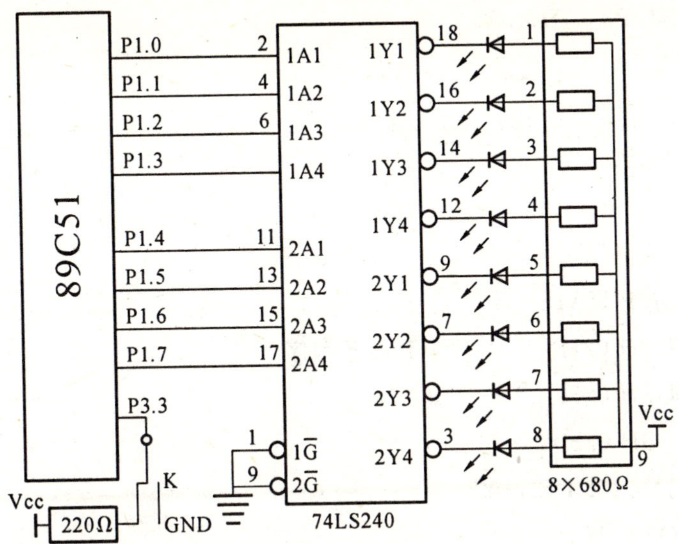

图 2-5 P3.3 输入、P1 输出实验线路

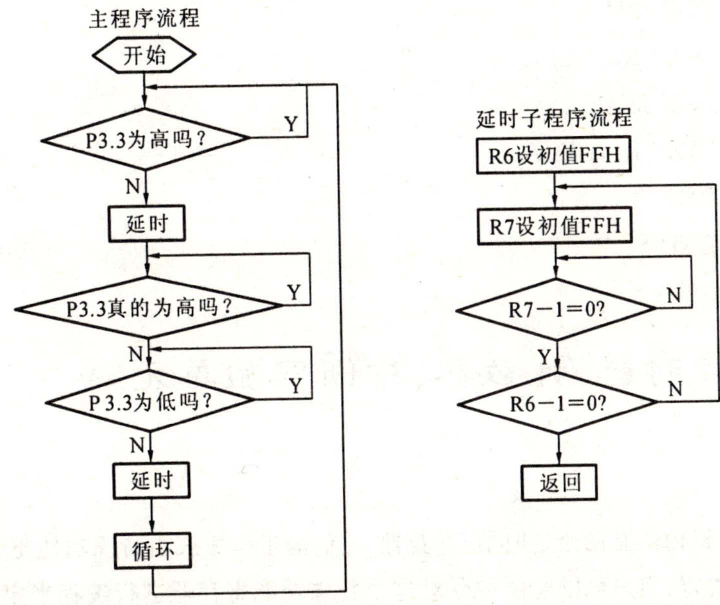

图 2-6 P3.3 输入、P1 输出实验程序流程

```
        ORG 0540H
HA1S:   MOV A,#00H
HA1S1:  JB P3.3,HA1S1       ；等待开始
        MOV R2,#20H
        LCALL DELAY
        JB P3.3,HA1S1
HA1S2:  JNB P3.3,HA1S2      ；判断有无脉冲
        MOV R2,#20H
        LCALL DELAY
```

```
        JNB P3.3,HA1S2
        INC A              ;A 加 1
        PUSH ACC
        CPL A
        MOV P1,A           ;加 1 显示
        POP ACC
        AJMP HA1S1
DELAY:  PUSH 02H           ;延时子程序
DELAY1: PUSH 02H
DELAY2: PUSH 02H
DELAY3: DJNZ R2,DELAY3
        POP 02H
        DJNZ R2,DELAY2
        POP 02H
        DJNZ R2,DELAY1
        POP 02H
        DJNZ R2,DELAY
        RET
        END
```

2.3 定时器/计数器、中断实验单元

1. 预备知识

89C51 单片机内部有两个定时器/计数器，它们的工作方式由特殊功能寄存器 TMOD(如表 2-1 所示)来决定，用户可以通过指令对这个特殊功能寄存器进行编程来定义其工作方式。定时器/计数器 T0 由特殊功能寄存器 TH0、TL0 组成，定时器/计数器 T1 由特殊功能寄存器 TH1、TL1 组成，都具有定时和计数两种功能，通过对特殊功能寄存器 TCON(如表 2-2 所示)编程，可控制 T0、T1 的启动和停止计数，同时也包含了 T0、T1 的状态，TCON 可进行位寻址操作，低四位与外部中断有关。

表 2-1 TMOD 特殊功能寄存器控制格式

位	7	6	5	4	3	2	1	0
TMOD	CATE	C/$\overline{T}$	M1	M0	CATE	C/$\overline{T}$	M1	M0
	定时/计数器T1				定时/计数器T0			

表 2-2 TCON 特殊功能寄存器格式

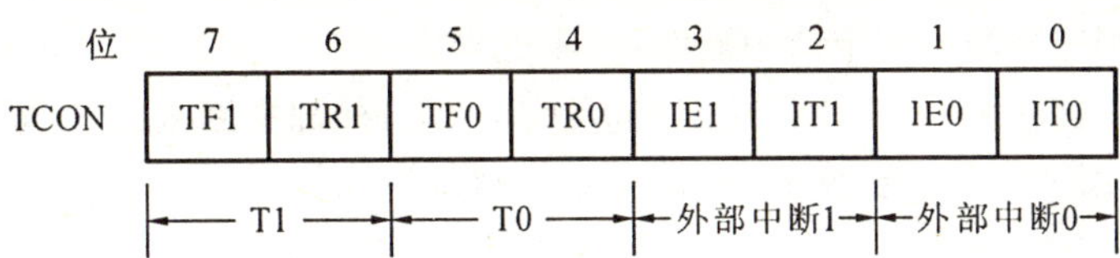

字节地址:89H,不能进行位寻址操作。

M1、M0 指定工作方式如表 2-3 所示。

表 2-3 工作方式说明表

M0 M1	工作方式	功能说明
0 0	方式 0	13 位计数器
0 1	方式 1	16 位计数器
1 0	方式 2	8 位自动重装计数器
1 1	方式 3	T0 分为二个 8 位计数器 T1 停止计数(无效)

字节地址:88H,可进行位寻址操作。

单片机复位后,TMOD 及 TCON 中的所有位均被清零。

计数值 X 算法:

$$X=\frac{T_C}{T_P}$$

式中:T_C 为机器周期;T_P 为定时时间。

装入的初值为

$$(X)_{补}=2^n-X$$

式中:n=13、16、8。

MSC-51 单片机的中断是指当 CPU 正在处理一事件时又发生另一事件,请求 CPU 迅速处理,这时 CPU 暂时中断当前工作,转而处理所发生的事件,当处理完中断服务后,转回到原来的处理事件。实现这种功能的结构称为中断系统,产生中断请求源称为中断源。

89C51 内部共有五个中断源、两个优先级,其中 IT0、IT1 是两个外部中断源,定时器 T0、T1 及串行口为三个内部中断源,中断处理程序可两级嵌套。中断类型、中断开/关和各种中断优先级别由寄存器 IE、IP、TCON(用 6 位)和 SCON(用 2 位)控制,在实验中用编程方式控制。中断入口地址如表 2-4 所示。当单片机复位后,IE、IP、SCON 均被清零。

表 2-4 中断入口地址表

中断源	入口地址
外部中断 0	0003H
定时器/计数器 T0	000BH
外部中断 1	0013H
定时器/计数器 T1	001BH
串行口中断	0023H

MCS-51 单片机对中断优先级的处理原则如下。

◇ 不同级别的中断源同时申请中断时:先高后低。

◇ 处理低级中断又收到高级中断请求时:停低转高。

◇ 处理高级中断又收到低级中断时:先处理高级中断。

◇ 同一级别中断源同时申请中断时:按事先规定。

◇ 对于同一优先级别,单片机规定响应次序如下:外部中断 0、定时器/计数器 T0 溢出中断、外部中断 1、定时器/计数器 T1 溢出中断、串行口中断。

2. 实验目的

(1) 通过实验熟悉 MCS-51 单片机中定时器/计数器的基本结构、工作原理和工作方法,掌握工作在定时和计数方式下的编程。

(2) 通过实验熟悉 MSC-51 单片机的内部结构,掌握中断概念、中断的组成、中断原理、中断处理过程及外部中断方式和中断功能的编程方法。

3. 实验设备及基本步骤

仿真实验设备一台、PC 机一台、万用表一块。

基本步骤:① 连接 PC 机与实验仿真设备;
② 打开 PC 机及实验仿真设备电源;
③ 连接 PC 机与调试系统。

4. 实验实例

实验 2-4 定时器/计数器实验

1) 实验内容

P1 用作输入输出口,利用定时器 T0 编写一 10 s 定时子程序,K 为定时器的启停控制开关,LED1 为秒闪(亮一秒灭一秒)信号,并当定时时间到时,蜂鸣器发出一响声(50 ms)。

2) 实验线路、程序流程及参考程序

实验线路如图 2-7 所示,程序流程如图 2-8 所示,参考程序如下。

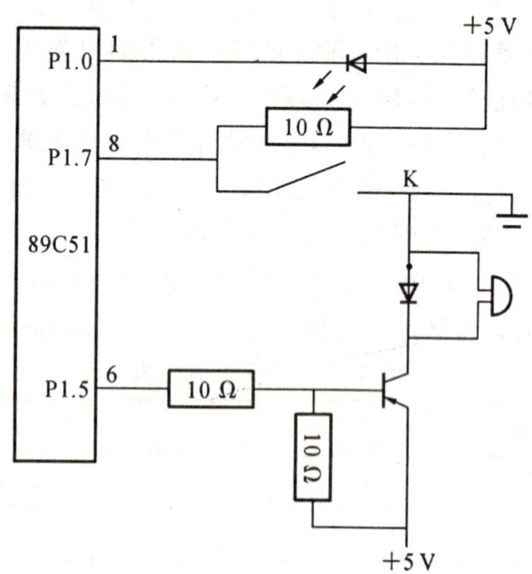

图 2-7 定时器/计数器实验线路

```
       ORG 0000H
       AJMP MAIN
       ORG 0100H
MAIN:  MOV SP,#60H
       MOV P1.0,#00H
```

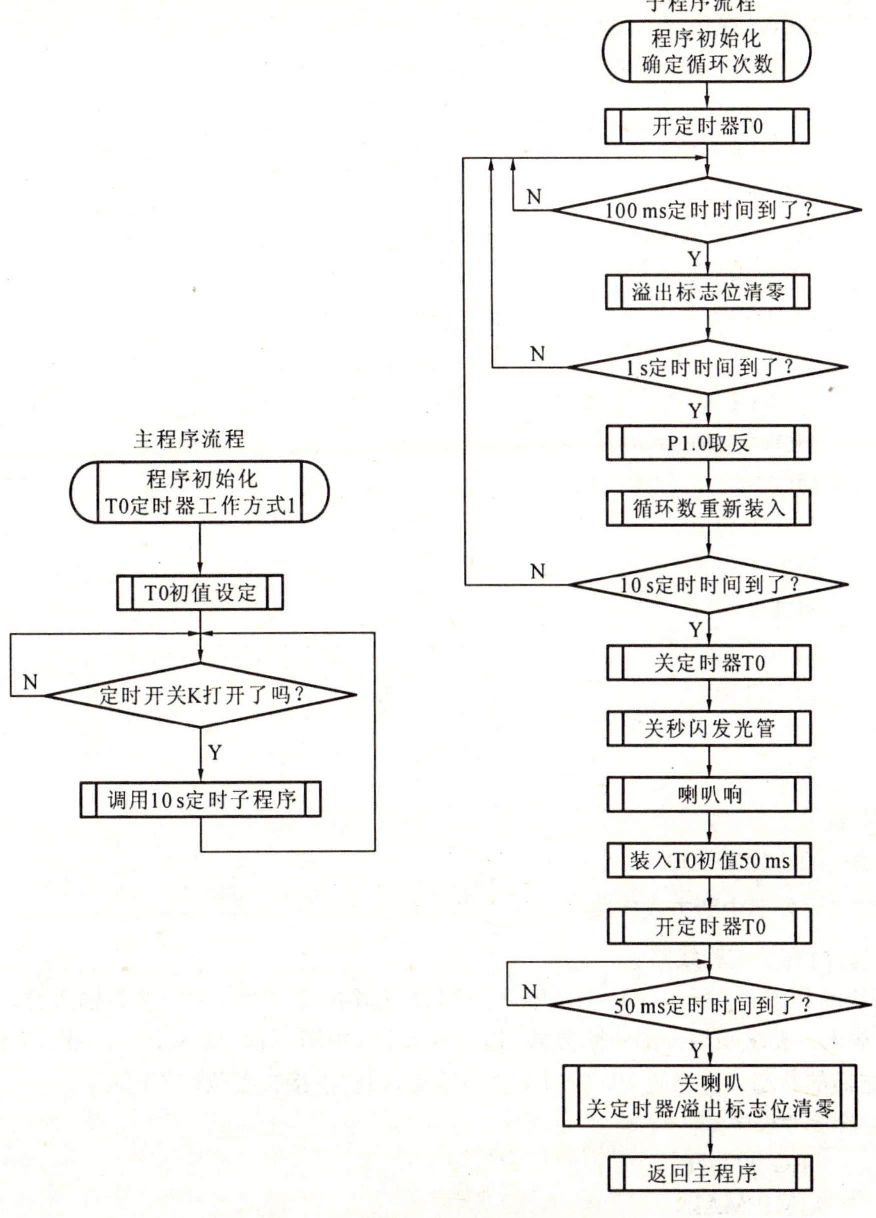

图 2-8 定时器/计数器实验程序流程

```
        MOV TMOD,#01H     ；初始化定时/计数器
        MOV TH0,#3CH
        MOV TL0,#0B0H
STAR：  JB P1.7,STAR      ；等待定时启动信号
        ACALL DL10s       ；调用 10 s 定时程序
        SJMP STAR
DL10s： MOV R7,#0AH       ；10 s 定时子程序
        MOV R5,#05H
        SETB TR0          ；开定时器 T0
```

```
LOOP1:JNB TF0,LOOP1
      MOV TH0,#3CH
      MOV TL0,#0B0H
      CLR TF0
      DJNZ R7,LOOP1
      CPL P1.0
      MOV R7,#0AH
      DJNZ R5,LOOP1
      CLR TR0              ;10 s定时到,关闭 T0
      CLR P1.0             ;控制指示灯关
      CLR P1.5
      MOV TH0,#3CH
      MOV TL0,#0B0H
      SETB TR0             ;开定时器 T0
      JNB TF0,$
      SETB P1.5
      CLR TF0
      CLR TR0
      RET
      END
```

3) 思考

试着编写 1 s 定时程序。

实验 2-5　外部中断方式实验

1) 实验内容及实验线路

硬件线路如图 2-9 所示,P1 口的 P1.0~P1.3 为输出位,P1.4~P1.7 为输入位,中断申请从 INT0 输入。要求采用外部中断方式(边沿触发)每中断一次,读入 P1.4~P1.7 的开关状态,并按它们的状态依次通过 P1.0~P1.3 的输出,驱动连接在各位的 LED。

2) 实验参考程序

```
      ORG 0000H
      AJMP MAIN
      ORG 0003H          ;中断入口地址
      AJMP INT0          ;中断程序地址
      ORG 0500H
MAIN: MOV SP,#60H
      SETB IT0           ;触发方式设定
      SETB EA            ;开中断
      SETB EX0
      MOV P1,#0FFH       ;将 P1 口置位,确保读数准确
HERE: JMP HERE           ;等待
INT0: PUSH PSW           ;现场保护
```

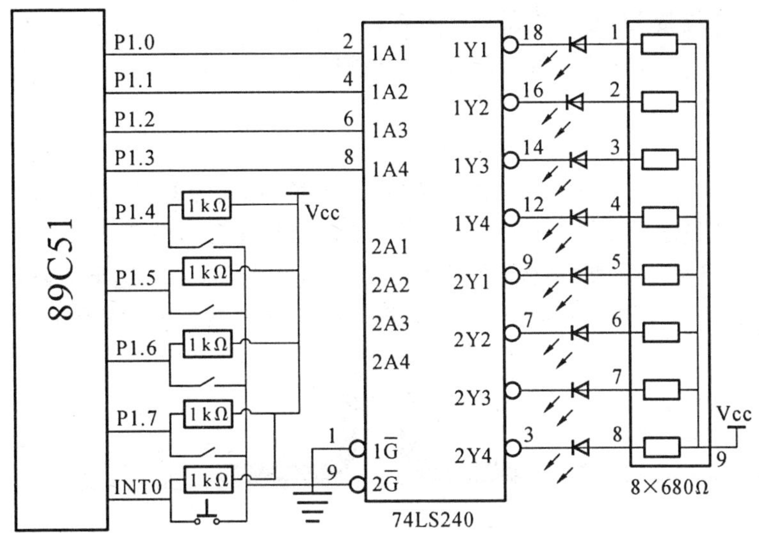

图 2-9　中断方式实验线路

```
PUSH ACC
MOV A,#0FFH
MOV P1,A
MOV A,P1            ;读入 P1 口数据
MOV P1,A            ;将 P1 口数据送到 P1 口
POP ACC             ;撤销现场保护
POP PSW
RETI
END
```

3) 思考

(1) 中断的三个概念:中断申请、中断响应、中断服务。

(2) 当 CPU 转入中断服务程序后,如何进行现场保护?

(3) 中断程序响应时堆栈地址 SP 如何变化?

2.4　中断/定时器综合实验单元(路口交通灯管理控制实验)

1. 实验目的

通过对一简单的路口交通信号灯进行实时控制和管理的路口交通灯管理实验,了解单片机的实际应用方法,掌握定时器/计数器的定时/计数的编程方法及综合应用中断定时器,学习用微机对交通信号灯进行实时控制管理的原理。

2. 实验设备及基本步骤

仿真实验设备一台、PC 机一台、万用表一块。

基本步骤：① 连接 PC 机与实验仿真设备；

② 打开 PC 机及实验仿真设备电源；

③ 连接 PC 机与调试系统。

3. 实验要求、实验原理及实验线路

在某十字路口(见图 2-10)，其交通由路口的红、黄、绿信号灯进行指挥，假定车流量大的路线为干线，车流量小的路线为支线，且支线只有少量车通行。设定干线总为绿灯，一旦支线有一车辆到达时，干线开始变灯，先黄灯再绿灯。支线放行后，若到达干线路口的车辆不满三辆，则 25 s 后，支线由绿灯转变为黄灯，4 s后再转变为红灯亮。同时干线在 29 s 后由红灯转变为绿灯亮。

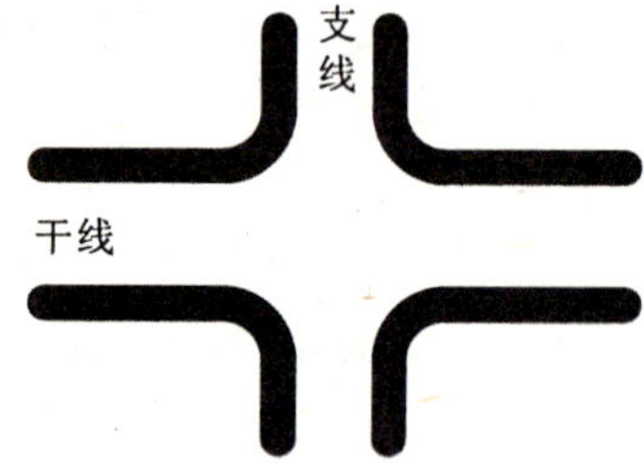

图 2-10 交通灯控制的路口示意图

现利用 MCS-51 单片机对此路口信号灯进行控制管理，交通灯管理系统按以下四种情况控制。

(1) 一般情况，干线车流量大于支线，干线需畅通无阻，因而干线为绿灯亮，支线为红灯亮。

(2) 若支线有一辆车到达路口，干线绿灯则于 6 s 后转黄灯，持续 4 s，再转变为红灯亮，同时支线在到车 10 s 后，由红灯转变为绿灯亮，支线放行，如图 2-11 所示。

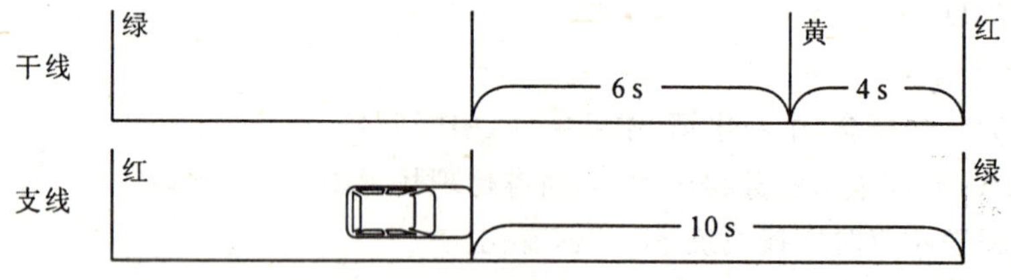

图 2-11 交通灯支线到车通行时序图

(3) 支线放行后，若到达干线路口的车辆不满三辆，则 25 s 后，支线由绿灯转变为黄灯，4 s后再转变为红灯亮。同时干线上的信号灯在 29 s 后由红灯转变为绿灯亮，返回情况(1)，如图 2-12 所示。

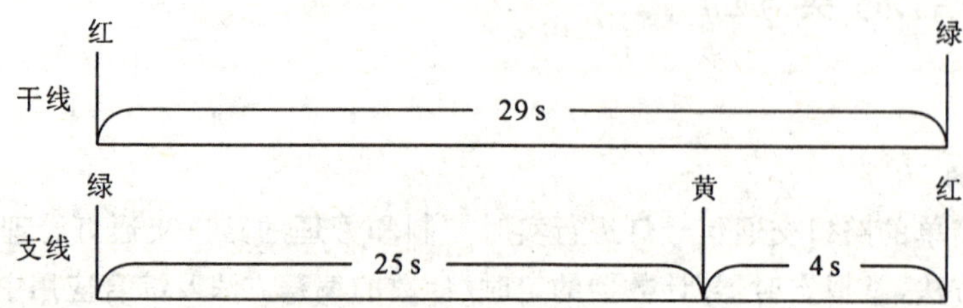

图 2-12 交通灯支线正常通行时序图

(4) 在支线 25 s 放行中，系统需考虑特殊情况，假如在 25 s 内，干线上已有三辆车到达路口，则支线的绿灯将不再持续 25 s，而是立刻由绿灯转为黄灯，4 s 后再转为红灯，干线上的信号灯则在支线黄灯变红灯的同时，由红灯转变为绿灯，如图 2-13 所示。即系统只要检测到干线上有三辆车到达，立刻放行干线车辆（支线需已放行 10 s）。

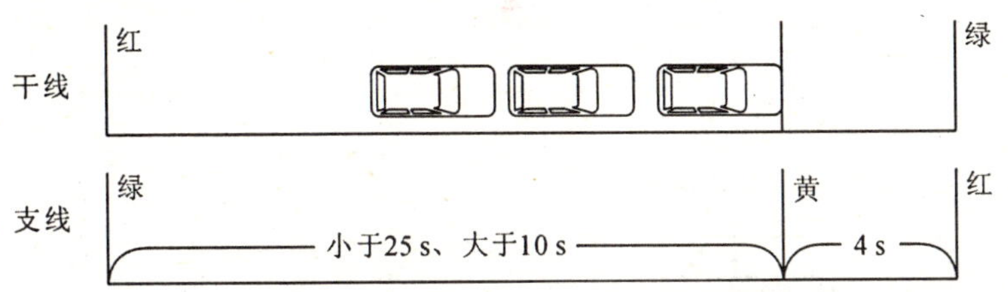

图 2-13 交通灯干线到三车通行时序图

分析路口交通灯管理系统的要求，需根据路况对干、支两路的 6 个信号灯发出实时控制命令，并随时接收车辆到达的开关信号，硬件设计利用 MCS-51 单片机的 P1、P3 口作为微机控制的输入/输出信号口，计数定时电路 CTC 作为路口车辆的计数部件，P1.0～P1.5 用作控制信号的输出，连接红、绿、黄灯，显示控制结果，P3.5、P1.7 口用作车辆到达信号的输入；同时利用 89C51 内部的 T0、T1 两个定时器/计数器，一个作为定时，另一个作为计数用，通过对 TOMD 编程，以达到控制目的。实验线路如图 2-14 所示。

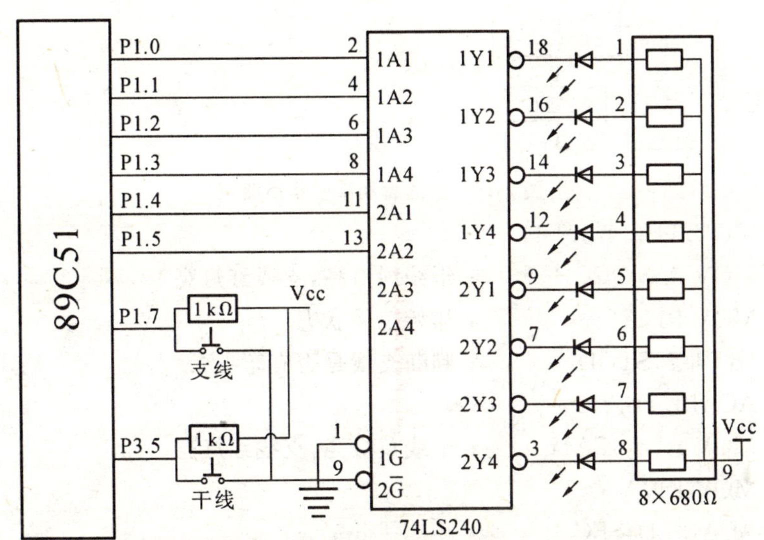

图 2-14 交通管制实验线路

4. 实验程序流程图及参考程序

交通管制实验程序流程如图 2-15 所示，参考程序如下。

```
        ORG 0000H
        AJMP MAIN
        ORG 001BH
        AJMP TTT               ；中断入口
        ORG 0100H
MAIN：  MOV SP,＃60H
        MOV TMOD,＃60H         ；定时/计数器初始化
        MOV TH1,＃0FDH
```

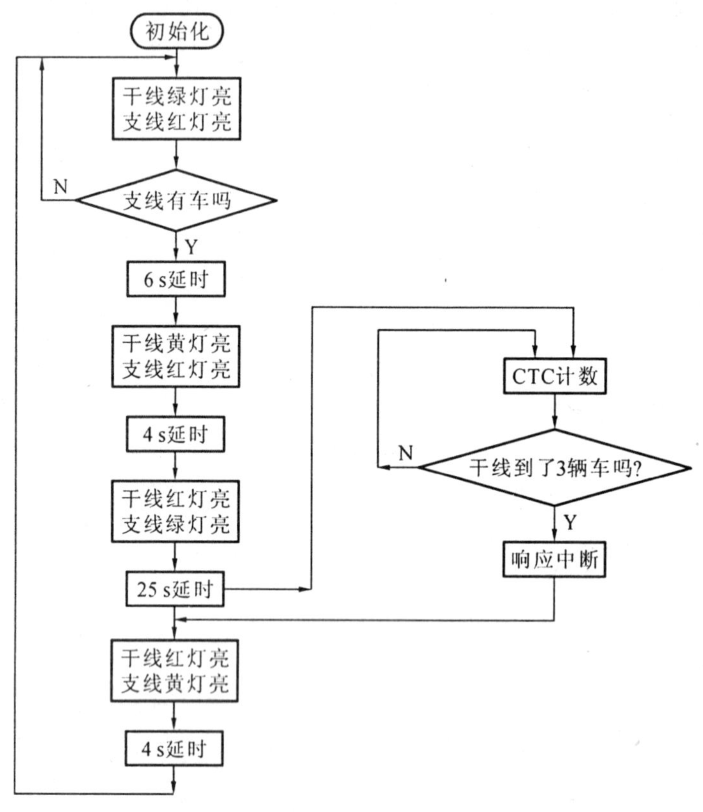

图 2-15　交通管制实验程序流程

```
        MOV TL1,#0FDH
        MOV A,#0CCH         ；干线绿灯亮,支线红灯亮
        MOV P1,A            ；初始工作状态
STOD:   JB P1.7,STOD        ；判断支线是否有车
        ACALL D6SEC
        MOV A,#0CAH         ；干线黄灯亮,支线红灯亮
        MOV P1,A
        ACALL D4SEC
        MOV A,#0E1H         ；干线红灯亮,支线绿灯亮
        MOV P1,A
        SETB TR1
        SETB ET1
        SETB EA
        ACALL D25SEC
TT:     CLR EA
        CLR ET1
        CLR TR1
        MOV A,#0D1H         ；干线红灯亮,支线黄灯亮
        MOV P1,A
```

```
        ACALL D4SEC
        AJMP MAIN
TTT:    POP DPL             ；中断子程序
        POP DPH
        MOV DPTR,#TT
        PUSH DPL
        PUSH DPH
        RETI
DL1:    MOV R7,#24H
DL:     MOV R6,#0FAH
DL2:    DJNZ R6,DL2
        DJNZ R7,DL
        RET
D1SEC:  MOV R5,#32H         ；1 s 延时子程序
LOP2:   ACALL DL1
        DJNZ R5,LOP2
        RET
D4SEC:  MOV R4,#04H         ；4 s 延时子程序
LOP3:   ACALL D1SEC
        DJNZ R4,LOP3
        RET
D6SEC:  MOV R4,#06H         ；6 s 延时子程序
LOP4:   ACALL D1SEC
        DJNZ R4,LOP4
        RET
D25SEC: MOV R4,#25          ；25 s 延时子程序
LOP5:   ACALL D1SEC
        DJNZ R4,LOP5
        RET
        END
```

5. 思考

(1) 在给出的参考程序中时间是如何控制，怎样计算？改用定时器定时如何修改程序；干线 P1.7 的输入信号有正脉冲“⊓”和负脉冲“⊔”两种，选用不同的脉冲，程序上有些什么区别？在现场控制中，CTC 启动计数指令可否紧接在 CTC 初始化指令之后，为什么？在中断程序中，RETI 指令错打成 RET 指令后，将产生怎样的后果，为什么？在中断服务程序中，为响应更高一级中断，程序应作何处理？

(2) 扩展 89C51 的 I/O 口，设计路口有 12 个信号指示灯的硬件线路图，根据要求编写控制应用程序并调试。

2.5 串行口通信实验单元

1. 预备知识

串行口是 MCS-51 单片机内部具有的一个全双工串行通信口，属 UART 方式。它设有 2 个互相独立的接收、发送缓冲器，可以同时接收和发送数据。两个缓冲器统称串行通信特殊功能寄存器 SBUF，在物理上是由二个 8 位寄存器组成：一个是发送寄存器，一个是接收寄存器，发送寄存器只能写入不能读出，接收寄存器只能读出不能写入，因而共用一个地址 99H。

串行口通信有四种工作方式，其中两种方式的波特率可变，另两种固定不变，以适合不同的应用，通过对串行口控制寄存器 SCON 编程(见表 2-5、表 2-6)，确定其工作方式，波特率可由软件设置片内的定时器/计数器来控制，特殊功能寄存器 PCON 的 D7 位为波特率的选择位。主机可通过查询或中断的方式对接收/发送进行程序处理。

表 2-5 串行口寄存器 SCON 格式

位	7	6	5	4	3	2	1	0
SCON	SM0	SM1	SM2	REN	TB8	TB8	TI	RI

表 2-6 SM0、SM1 串行工作方式定义表

SM0	SM1	工作方式	功能说明	波特率
0	0	方式 0	移位寄存器方式	$1/2f_{osc}$
0	1	方式 1	8 位 UART 方式	可变
1	0	方式 2	9 位 UART 方式	1/64 或 $1/32f_{osc}$
1	1	方式 3	9 位 UART 方式	可变

SCON 的字节地址为 98H，可进行位寻址，各位地址为 98H～9FH，可编程设置。

单片机复位后，SCON 的所有位清零。

工作方式 1 和工作方式 3 的波特率计算式为

$$\text{波特率}=\frac{2^{SMOD}}{32}\times(\text{定时器/计数器 1 溢出率})$$

其中，SMOD 为 PCON 中的 D7 位。

2. 实验目的

了解串行口通信(UART)的结构，熟悉 MCS-51 串行通信口的工作原理及工作方式，初步掌握串行口的工作方式的编程，掌握波特率的计算。

3. 实验设备及基本步骤

仿真实验设备一台、PC 机一台。

基本步骤：① 连接 PC 机与实验仿真设备；

② 打开 PC 机及实验仿真设备电源；

③ 连接 PC 机与调试系统。

4. 实验实例

实验 2-6　单片机串行口的单机通信

1）实验内容及实验线路、程序流程

将 89C51 的发送端 TXD 与接收端 RXD 相连接，把 30H～3FH 单元中的数据通过串行口发送到本机接收端，存放在 40H～4FH 中。

实验线路如图 2-16 所示，程序流程如图 2-17 所示，参考程序如下。

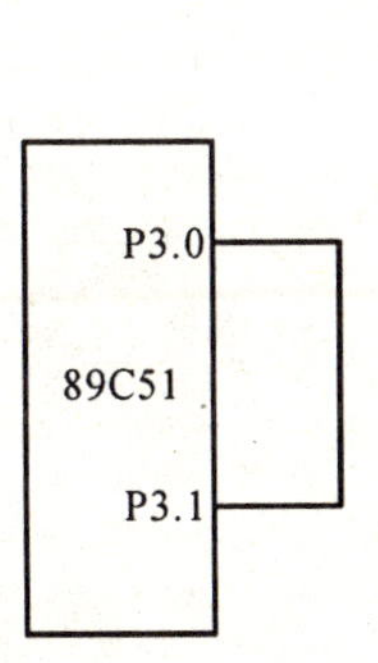

图 2-16　单片机串行口通信实验线路

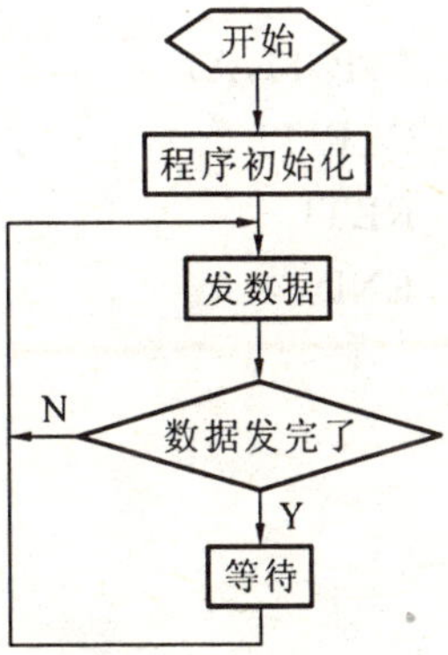

开始
程序初始化
发数据
数据发完了
N
Y
等待

图 2-17　单片机串行口通信实验程序流程

2）实验参考程序

```
        ORG 0000H
        AJMP MAIM
        ORG 0023H                    ；中断入口地址
        AJMP TTTT
        ORG 0500H
MAIN:MOV TMOD,#20                    ；定时器/计数器初始化
        MOV TH1,#72
        MOV TL1,#72
        MOV PCON,#00                 ；定义波特率
        SETB TR1
        SETB IE.7
        SETB ES
        MOV SCON,#50                 ；串口通信工作方式设置
        SETB C
        MOV R1,#30
        MOV SUBF,@R1                 ；送出数据
        INC R1
        MOV R0,#40
        SJMP $
A1:     MOV A,SBUF                   ；读取数据
        CLR RI
        MOV @R0,A
```

```
        INC R0
        CJNE R0,#50,A2
        CLR C
        RETI
A2:     MOV SBUF,@R1
        INC R1
        RETI
TTTT:JNB TI,A1
        CLR TI
        RETI
        END
```

第3章 接口扩展实验

3.1 MCS-51单片机的系统扩展

MCS-51单片机内部虽然已集成各种存储器和I/O功能部件，但在实际应用系统中，其片内资源仍不能满足需求，这样就需要进行系统扩展。MCS-51单片机系统的功能扩展，主要包括：外部存储器扩展（又分外部程序存储器与外部数据存储器）、I/O口功能部件的扩展及其他功能（如定时/计数器、中断）的扩展，其系统扩展结构如图3-1所示。

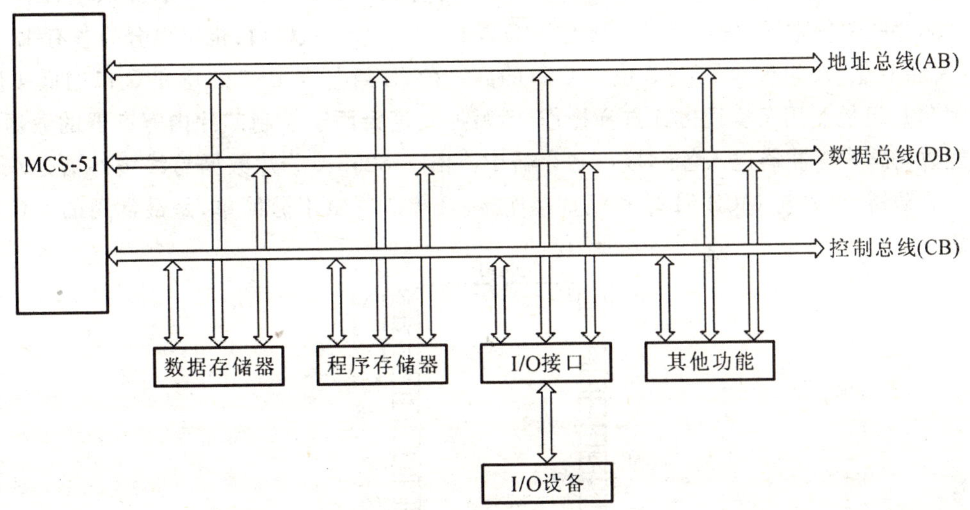

图3-1 MCS-51**系统扩展结构图**

从图3-1可看出，MCS-51单片机的扩展是通过地址总线、数据总线、控制总线与各扩展器件连接，进行数据、地址、控制信号的传送，三总线结构如图3-2所示。

P0口用作低8位地址线及数据总线，ALE是锁存P0口输出的低8位地址数据的控制线，P2口用作高8位地址总线，这时单片机不能将P0、P2口当I/O用。$\overline{\mathrm{WD}}$、$\overline{\mathrm{RD}}$用于外部数据的读/写控制。

单片机的外部扩展灵活、简单，各种应用系统层出不穷，本章通过几个常用接口芯片的实验，了解熟悉其单片机的扩展功能。

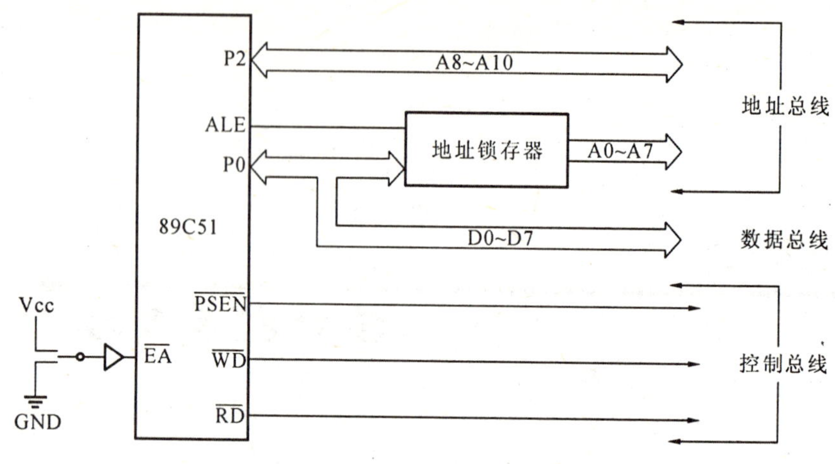

图 3-2 MCS-51 的扩展三总线结构图

3.2 并行口 8255A 芯片功能扩展实验单元

1. 预备知识

8255A 可编程并行接口芯片(见图 3-3)为双列直插式封装,用+5V 电源供电,图 3-4 是 8255A 芯片的逻辑框图,内部有 3 个 8 位 I/O 端口:A 口、B 口、C 口;也可以分为各有 12 位的两组:A 和 B 组,A 组包含 A 口 8 位和 C 口的高 4 位,B 组包含 B 口 8 位和 C 口的低 4 位;A 组控制和 B 组控制用于实现方式选择操作;读写控制逻辑用于控制芯片内寄存器的数据和控制字经数据总线缓冲器送入各组接口寄存器中。由于 8255A 芯片数据总线缓冲器是双向三态 8 位驱动器,可以与 MCS-51 单片机直接连接,且接口逻辑十分简单,是最常用的 I/O 扩展芯片之一。

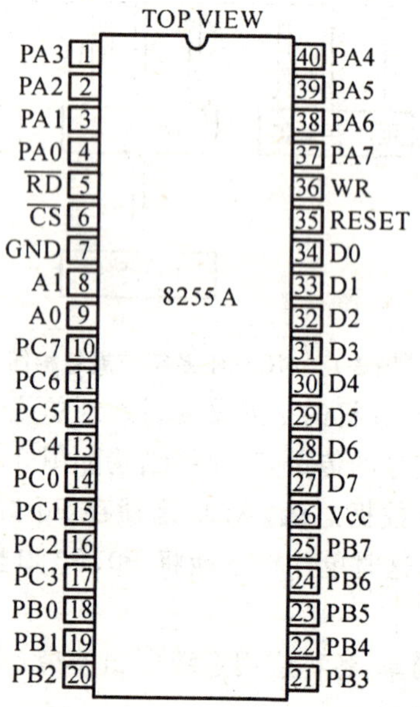

图 3-3 8255A 芯片引脚图

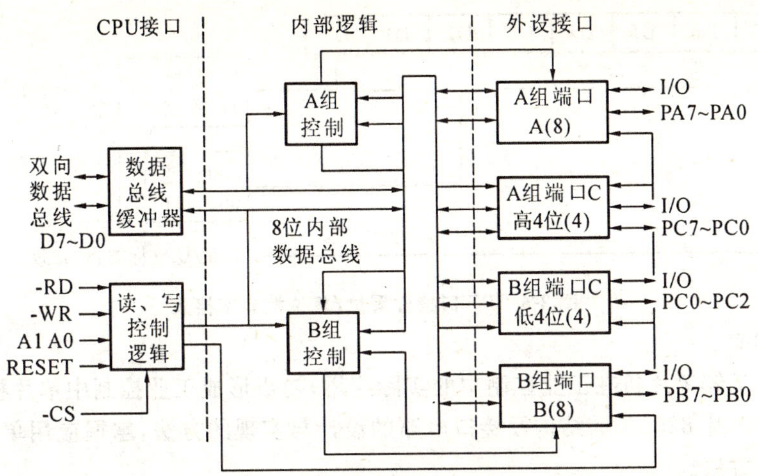

图 3-4 8255A **芯片逻辑框图**

8255A 芯片有三种工作方式：方式 0(基本输入/输出)、方式 1(选通输入/输出)、方式 2(双向输入/输出)。8255A 芯片内有一个 8 位控制命令字寄存器，通过对控制寄存器写入不同的控制字来决定其三种不同的工作方式，其中 D7 位表示该命令是设定工作模式控制字(D7＝1)，还是设定 C 口任何一位置 1/置 0(D7＝0)的标志位。各端口的工作状态与控制信号关系如表 3-1 所示，其控制方式字如图 3-5 及图 3-6 所示。

表 3-1 8255A **芯片端口工作状态选择表**

A1	A0	/RD	/WR	/CS	操作类型	操作方向
0	0	0	1	0	PA→数据总线	输入(读)
0	1	0	1	0	PB→数据总线	
1	0	0	1	0	PC→数据总线	
0	0	1	0	0	数据总线→PA	输出(写)
0	1	1	0	0	数据总线→PB	
1	0	1	0	0	数据总线→PC	
1	1	1	0	0	数据总线→控制字	
×	×	×	×	1	数据总线三态	断开
1	1	0	1	0	非法状态	
×	×	1	1	0	数据总线三态	

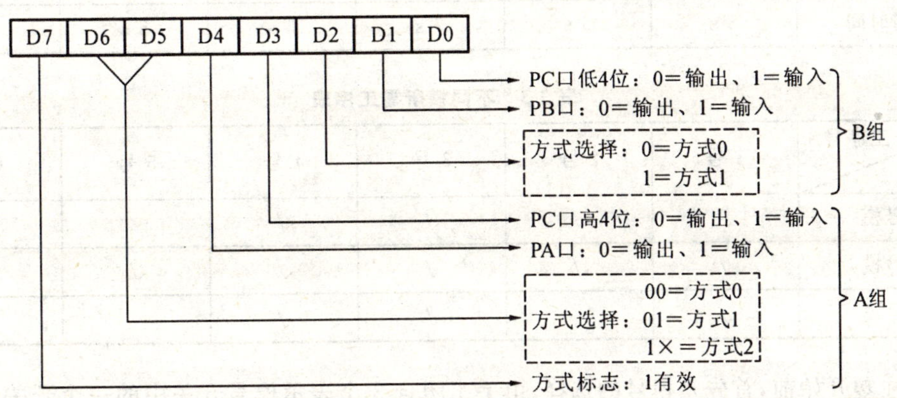

图 3-5 8255A **芯片控制方式字**

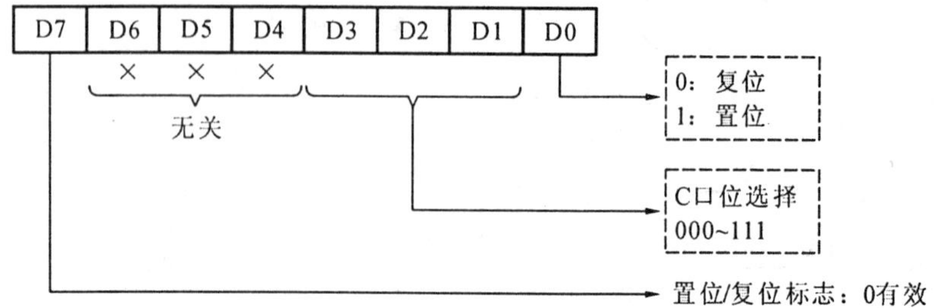

图 3-6　PC 口按位置位/复位控制字格式

2. 实验目的

通过实验了解单片机在工业控制中的实际应用，初步形成工业控制中单片机的应用概念，熟悉外围接口芯片 8255A 的结构及接口电路的设计与实现的方法，掌握应用单片机实现顺序控制的原理及方法。

3. 实验设备及基本步骤

仿真实验设备一套、PC 机一台、万用表一块。

基本步骤：① 连接 PC 机与实验仿真设备；

② 打开 PC 机及实验仿真设备电源；

③ 连接 PC 机与调试系统。

4. 实验实例

实验 3-1　工业顺序控制实验

1）实验内容

工业制造中的冲压、注塑、轻纺、制瓶等生产过程，都是一些断续生产过程，按某种程序有规律地完成预定的动作，对这类断续生产过程的控制称顺序控制。例如，自动注塑机工艺过程大致按“合模→注射→延时→开模→产伸→产退”顺序动作，而完成这些工序的顺序及所需的时间是有规定的，利用单片机进行现场控制，能很容易地完成此工艺。

实验中假设的某种自动注塑机完成各个工序及所需的时间如表 3-2 所示，所完成的三种不同模及每种模所包含的工序如表 3-3 所示。

表 3-2　自动注塑完成工序时间表

工序顺序	1 号	2 号	3 号	4 号	5 号	6 号
工序名称	合模	注射	延时	开模	产伸	产退
所需时间	5 s	6 s	7 s	5 s	5 s	6 s

表 3-3　不同模所需工序表

模号＼工序号	1 号	2 号	3 号	4 号	5 号	6 号
1 号模	√	√	√	√		√
2 号模	√	√	√	√	√	√
3 号模	√		√	√		√

在注塑开始前，首先是模号的选择，由手工闭合 3 个表示模号开关中的一个开关，以向单片机发出要求进行某种注塑的请求，然后是依次启动各道工序。假定每道工序均是由该工序

的执行机构完成的(实验中以发光二极管表示,亮表示机构在工作),一道工序完成后,该工序的执行机构应向单片机发出工序完成信号(实验中以手工拨动开关产生),方可允许开始下一道工序。系统要求,任何一道工序若没有在表 3-2 规定的时间内完成,应报警并停止工作。

2) 实验线路、程序流程及参考程序

本实验中,8255A 三口均工作于模式 0,8255A 与 89C51 直接相连。A 口地址为 FF28H,B 口地址为 FF29H,C 口地址为 FF2AH,控制口地址为 FF2BH。实验线路如图 3-7 所示,程序流程如图 3-8 所示,参考程序如下。

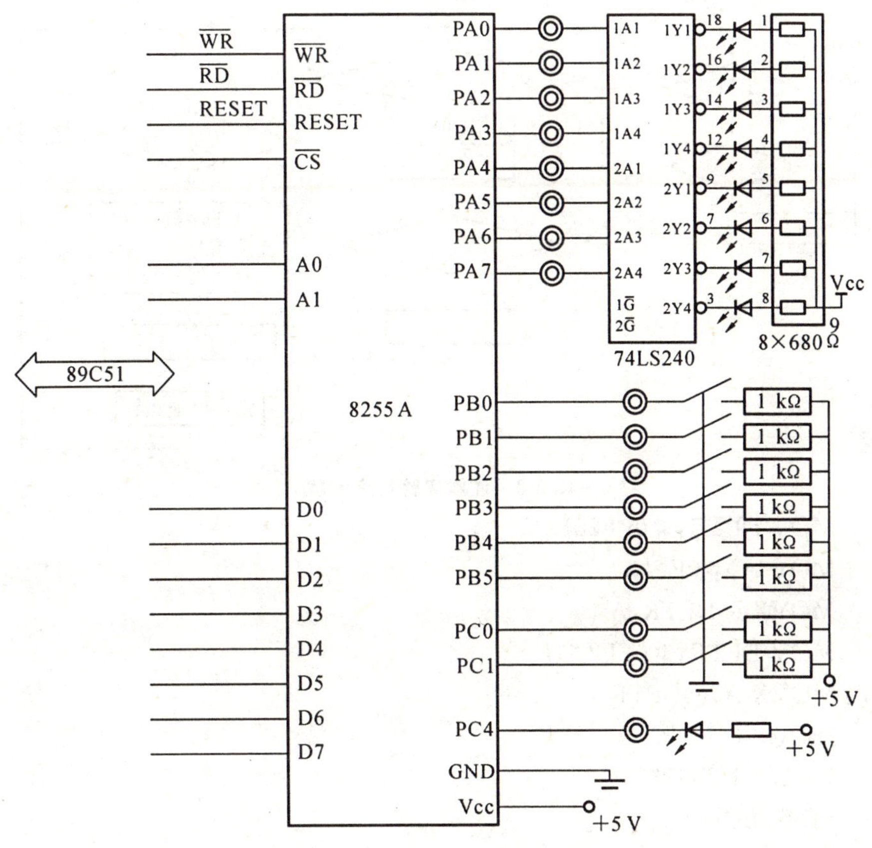

图 3-7　注塑实验线路

```
        ORG 0000H
        AJMP MAIN
        ORG 0180H
MAIN:MOV SP,#70H
        MOV R7,#02H
LOP:    MOV DPTR,#0FF2BH        ;8255A 工作方式控制口地址
        MOV A,#83H              ;8255A 工作方式初始化
        MOVX @DPTR,A
        MOV A,#09H
        MOVX @DPTR,A
        MOV A,#0BH
        MOVX @DPTR,A
```

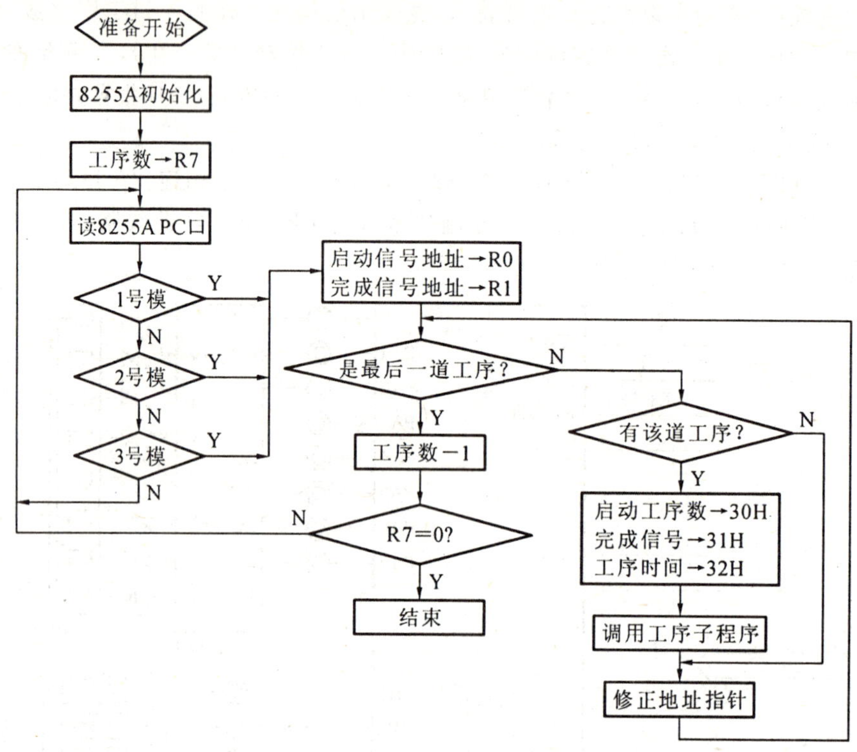

图 3-8　注塑实验程序流程

```
      MOV DPTR,#0FF28H
      MOV A,#0FFH
      MOVX @DPTR,A
      MOV DPTR,#0FF2AH
LOPF: MOVX A,@DPTR
      JB Acc.0,LOP2
      JB Acc.1,LOP3
      SJMP LOPF
LOP2: MOV R0,#58H
      SJMP LOP4
LOP3: MOV R0,#50H
LOP4: MOV R1,#60H
LOP5: MOV A,@R0
      CJNE A,#0FFH,LOPE
      DJNZ R7,LOP
      SJMP ED
LOPE: JZ LOP6
      MOV 30H,A
      MOV 31H,@R1
      INC R1
      MOV 32H,@R1
```

```
        ACALL xxx
        SJMP LOP7
LOP6:   INC R1
LOP7:   INC R0
        INC R1
        SJMP LOP5
xxx:    MOV DPTR,#0FF28H
        MOV A,@R0
        MOVX @DPTR,A
LOP8:   MOV R6,#19H
LOP9:   MOV TMOD,#01H
        MOV TH0,#63H
        MOV TL0,#0C0H
        SETB TR0
        MOV DPTR,#0FF29H
        MOVX A,@DPTR
        ANL A,#3FH
        CJNE A,31H,LOPA
        SJMP LOPB
LOPA:   JBC TF0,LOPC
        SJMP LOPA
LOPC:   DJNZ R6,LOP9
        DJNZ 32H,LOP8
        MOV DPTR,#0FF2BH        ;在规定时间未接到完成信号,点亮报警灯
        MOV A,#08H
        MOVX @DPTR,A
        SJMP $
LOPB:   MOV DPTR,#0FF28H        ;接到完成信号,关闭上一道工序灯
        MOV A,#0FFH
        MOVX @DPTR,A
        RET
ED:     MOV DPTR,#0FF2BH
        MOV A,#0AH
        MOVX @DPTR,A
        SJMP $
        END
```

3.3 8155 H 芯片功能扩展实验单元

1. 预备知识

8155 H 芯片是一种可编程多功能接口芯片，片内包含有 256 B 的 RAM 存储器(静态)、2 个可编程的 8 位并行口 PA 和 PB、1 个可编程的 6 位并行口 PC 以及 1 个 14 位减法定时器/计数器。另有一个控制命令寄存器和一个状态标志寄存器，控制命令寄存器只能写入不能读出，状态寄存器只能读出不能写入，它们地址相同。PA 口、PB 口、PC 口的工作方式及工作状态由 CPU 通过对控制命令寄存器编程来确定。8155 H 芯片由于其功能丰富，又可直接与 MCS-51 相接，是 MCS-51 常用的扩展芯片之一。

其部分引脚功能(见图 3-9)如下。

(1) AD0～AD7——地址/数据总线，双向三态。

① 8155 H 芯片有 256 字节静态 RAM，每一字节均有相应地址，输入/输出数据均通过 AD0～AD7 口传送。

② 8155 H 芯片内部有 6 个寄存器：A 口，B 口，C 口，命令状态寄存器，定时器/计数器低 8 位，定时器/计数器高 6 位加 2 位输出信号。6 个寄存器有各自相应的地址。地址及写入或读出的数据均通过 AD0～AD7 传送。

③ AD0～AD7 传送的数据由 RD、WR 信号控制。

(2) $\overline{CE}$——片选信号，输入，低电平有效。

(3) $\overline{WR}$——写信号，输入，低电平有效。

(4) $\overline{RD}$——读信号，输入，低电平有效。

(5) PA0～PA7——A 口 8 位通用 I/O 线。

(6) PB0～PB7——B 口 8 位通用 I/O 线。

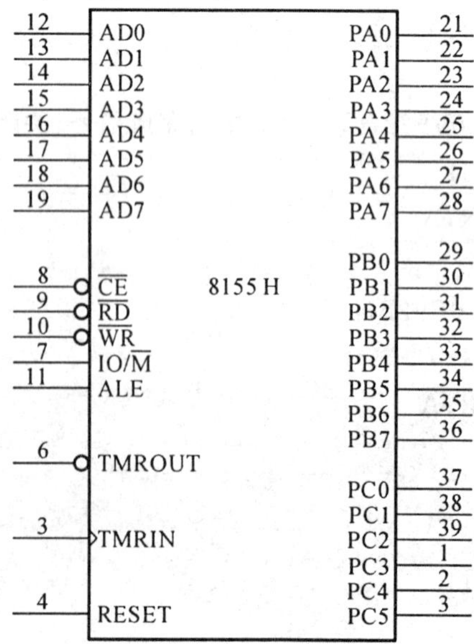

图 3-9　8155 H 芯片引脚图

(7) PC0～PC5——C 口 6 位 I/O 线，既可作通用 I/O 口，又可作 A 口和 B 口工作于选通方式下的控制信号。

(8) IO/$\overline{\text{M}}$——I/O 与 RAM 选择信号。8155 H 芯片内部 I/O 口与 RAM 是分开编址的，因此要使用控制信号进行区分。IO/$\overline{\text{M}}$=0，对 RAM 进行读写操作；IO/$\overline{\text{M}}$=1，对 I/O 进行读写操作。

8155 H 芯片内部有 7 个寄存器，需要 3 位地址 A2～A0 上的不同组合来区分，如表 3-4 所示。

表 3-4 8155 H 芯片端口地址分配

$\overline{\text{CE}}$	IO/$\overline{\text{M}}$	A7	A6	A5	A4	A3	A2	A1	A0	所选端口
0	1	×	×	×	×	×	0	0	0	命令/状态寄存器
0	1	×	×	×	×	×	0	0	1	A 口
0	1	×	×	×	×	×	0	1	0	B 口
0	1	×	×	×	×	×	0	1	1	C 口
0	1	×	×	×	×	×	1	0	0	计数器低 8 位
0	1	×	×	×	×	×	1	0	1	计数器高 8 位
0	0	×	×	×	×	×	×	×	×	RAM 单元

注：×为随机数 0 或 1。

2. 实验目的

了解 8155 H 芯片结构及接口方式(本实验中 89C51 与芯片 8155H 的接口线路如图 3-10 所示，各口地址为：FF20H、FF21H、FF22H、FF23H)，掌握 8155H 多功能扩展的编程方法。

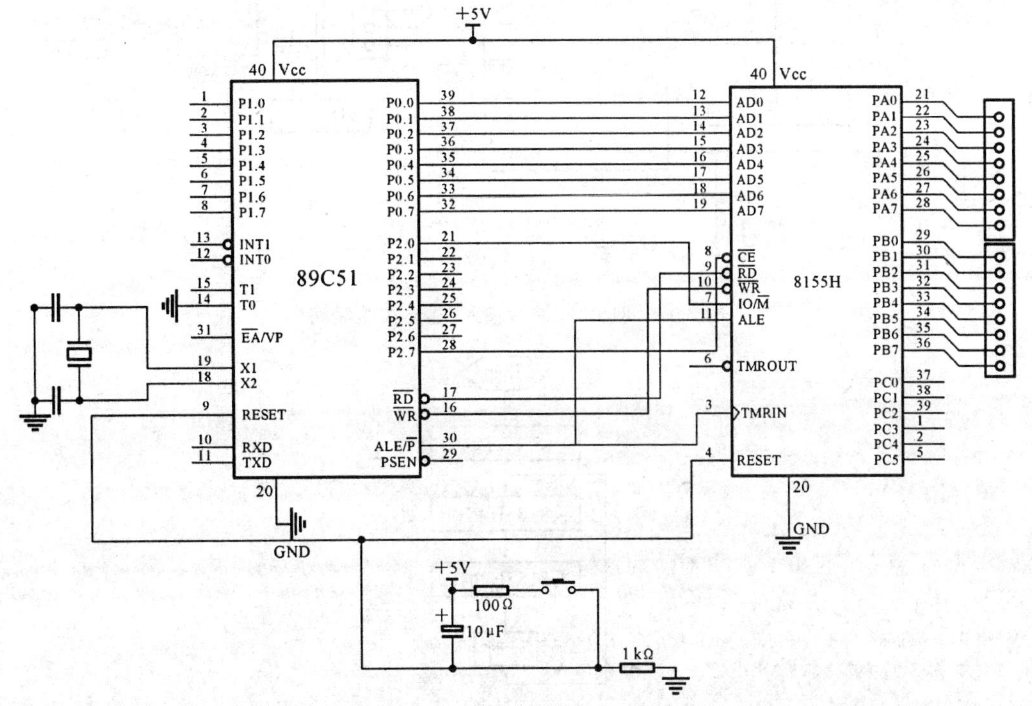

图 3-10 MCS-51 与 8155 H 芯片接口

3. 实验设备及基本步骤

仿真实验设备一套、PC 机一台、万用表一块。

基本步骤：① 连接 PC 机与实验仿真设备；

② 打开 PC 机及实验仿真设备电源；

③ 连接 PC 机与调试系统。

4. 实验实例

实验 3-2　I/O 口扩展实验

1) 实验内容

(1) 8155 H 芯片 PA 口作为输出口，PB 口作为输入口，PA 口读入键信号，送 8 位逻辑电平显示模块中显示。

(2) 8155 H 芯片作为 I/O 口，控制 LED 数码管显示。

2) 实验线路、程序流程及参考程序

(1) 实验线路如图 3-11 所示，程序流程如图 3-12 所示，参考程序如下。

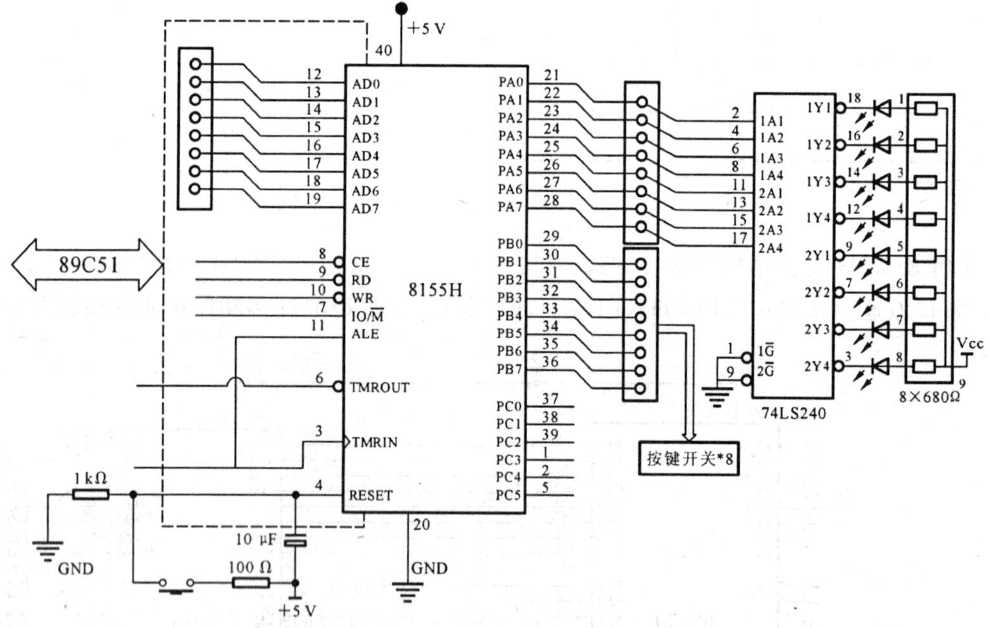

图 3-11　8155 H 芯片输入/输出实验线路

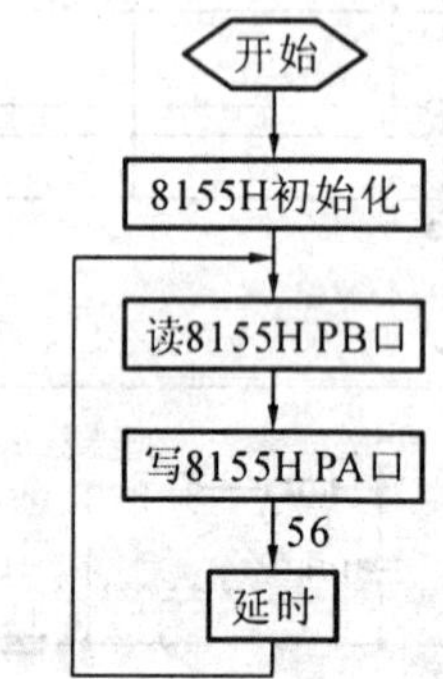

图 3-12　8155 H 芯片输入/输出实验程序流程

```
         ORG 0000H
         SJMP MAIN
         ORG 0300H
MAIN：   MOV A,#01H          ；方式 0,PA 输出,PB 输入
         MOV DPTR,#0FF20H    ；控制字地址
         MOVX @DPTR,A
         MOV DPTR,#0FF22H
         MOVX A,@DPTR        ；读入 B 口
         MOV DPTR,#0FF21H
         MOVX @DPTR,A        ；输出到 A 口
         ACALL Delay
         SJMP MAIN
Delay：  MOV R6,#0
         MOV R7,#0
DelayLoop:DJNA R6,DelayLoop
         DJNZ R7,DelayLoop
         RET
         END
```

(2) 实验线路如图 3-13 所示，程序流程如图 3-14 所示，参考程序如下。

```
      ORG 4000H
MAIN:MOV SP,#60H
      MOV DPTR ,#0FF20H
      MOV A,#03H
      MOVX @DPTR,A       ；初始化工作方式
K1：  ACALL KS
```

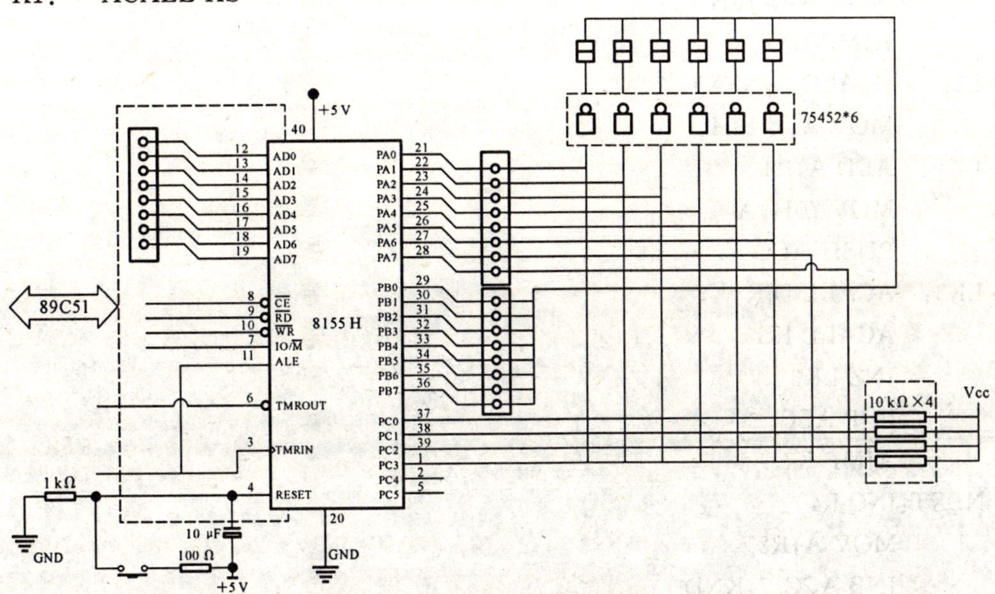

图 3-13 键盘控制显示实验线路

```
        JNZ LK1
N1:     ACALL DIR
        AJMP K1
LK1:    ACALL DIR
        ACALL DIR
        ACALL KS
        JNZ LK2
        ACALL DIR
        AJMP K1
LK2:    MOV R2,#0FEH
        MOV R4,#00H
LK4:    MOV DPTR,#0FF21H
        MOV A,R2
        MOVX @DPTR,A
        INC DPTR
        INC DPTR
        MOVX A,@DPTR
        JB ACC.0,L0
        MOV A,#00H
        AJMP LKP
L0:     JB ACC.1, L1
        MOV A,#08H
        AJMP LKP
L1:     JB ACC.2,L2
        MOV A,#10H
        AJMP LKP
L2:     JB ACC.3,NEXT
        MOV A,#18H
LKP:    ADD A,R4
        MOV 70H,A
        PUSH ACC
LK3:    ACALL DIR
        ACALL KS
        JNZ LK3
        POP ACC
        AJMP K1
NEXT:INC R4
        MOV A,R2
        JNB ACC.7,KND
        RL A
```

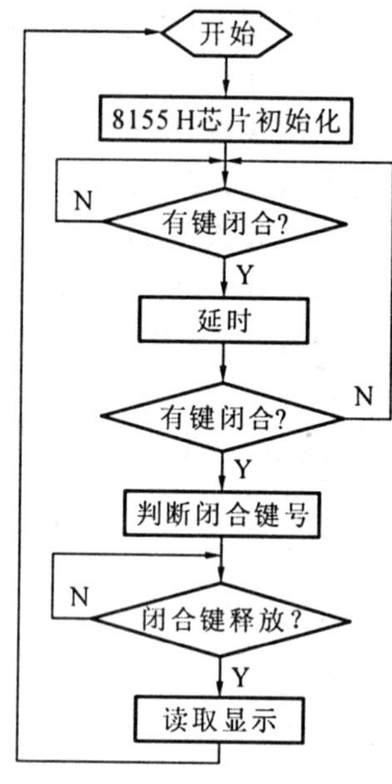

图 3-14 8155H 芯片输入/输出扩展实验程序流程

```
        MOV R2,A
        AJMP LK4
KND:    AJMP K1
KS:     MOV DPTR,#0FF21H
        MOV A,#00H
        MOVX @DPTR,A
        JNC DPTR
        JNC DPTR
        MOVX A,@DPTR
        CPL A
        ANL A,#0FH
        RET
DIR:    MOV R0,#70H
        MOV R3,#02H
        MOV A,R3
        RL A
        RL A
        RL A
        MOV DPTR,#0FF21H
        MOVX @DPTR,A
        JNC DPTR
        MOV A,R0
        PUSH DPH
        PUSH DPL
        MOV DPTR,#0TAB1
        MOVC A,@A+DPTR
        POP DPL
        POP DPH
        MOVX @DPTR,A
        ACALL DL1
        MOV R3,#02H
        MOV A,R3
        RL A
        RL A
        RL A
        RL A
        MOV DPTR,#0FF21H
        MOVX @DPTR,A
        INC DPTR
        MOV A,@R0
```

```
        PUSH DPH
        PUSH DPL
        MOV DPTR,#0TAB2
        MOVC A,@A+DPTR
        POP DPL
        POP DPH
DIE1:   MOVX @DPTR ,A
        ACALL DL1
L01:    RET
TAB1:DB 0C0H,99H,0F9H,92H,0A4H,82H
DS1:    DB 0B0H,0F8H
TAB2:DB 0F8H,0B0H,82H,0A4H,92H,0F9H
SD1:    DB 99H,0C0H
DL1:    MOV R7,#00H
DL:     MOV R6,#08H
DL6:    DJNZ R6,DL6
        DJNZ R7,DL
        RET
        END
```

3.4 串并转换实验单元

1. 实验目的

掌握利用单片机串行口扩展 I/O 通道的方法，熟悉串行扩展 74LS164 移位器接口电路的设计方法，掌握 89C51 串行口方式 0 工作方式及编程方法。

2. 实验设备及基本步骤

仿真实验设备一套、PC 机一台。

基本步骤：① 连接 PC 机与实验仿真设备；

② 打开 PC 机及实验仿真设备电源；

③ 连接 PC 机与调试系统。

3. 实验内容

利用 89C51 串行口和串行输入并行输出移位寄存器 74LS164，扩展一个 8 位输出通道，用于驱动一个数码显示器，在数码显示器上循环显示从 89C51 串行口输出的 0～9 这 10 个数字。

4. 实验说明

串行口工作在方式 0 时，可通过外接移位寄存器实现串并行转换。在这种方式下，数据为 8 位，只能从 RXD 端输入/输出，TXD 端总是输出移位同步时钟信号，其波特率固定为晶振频率 1/ 12。由软件置位串行控制寄存器(SCON)的 REN 后才能启动串行接收，在 CPU 将数据写入 SBUF 寄存器后立即启动发送。待 8 位数据输完后，硬件将 SCON 寄存器的 TI 位置 1，

TI必须由软件清零。

5. 实验线路、程序流程及参考程序

实验线路如图3-15所示，程序流程如图3-16所示，参考程序如下。

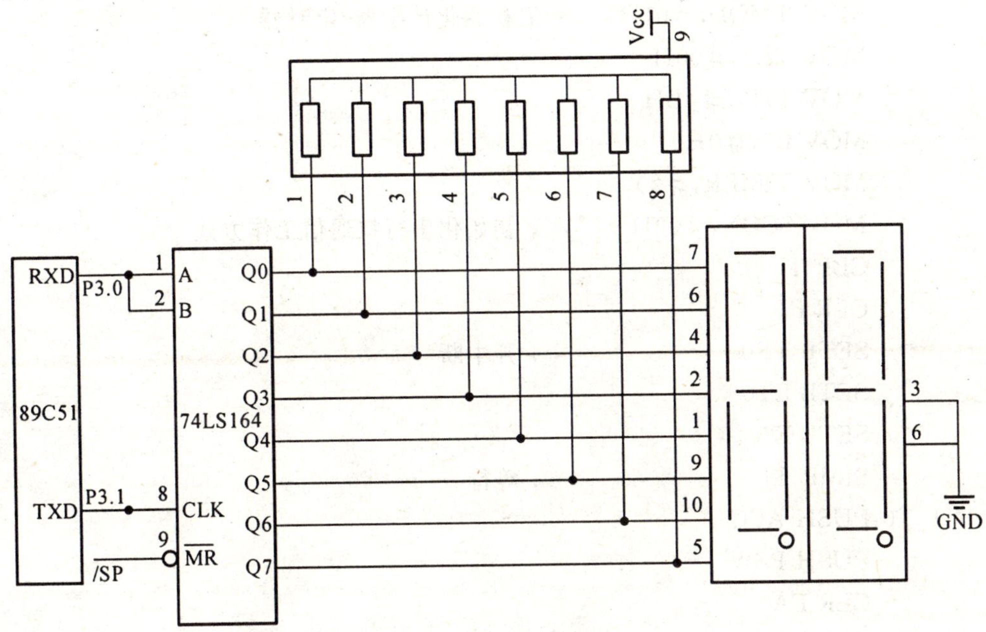

图3-15 串并转换实验线路

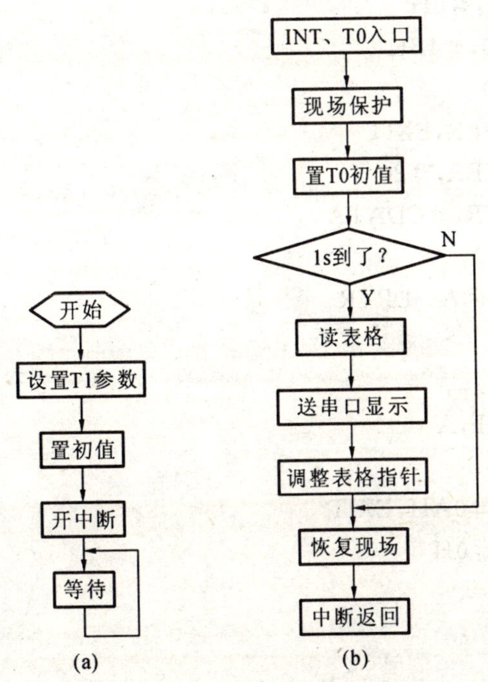

图3-16 串并转换实验程序流程

(a) 主程序；(b) INT_T0中断服务程序

```
TIMER EQU 01H
ORG 000BH                    ；中断入口
```

```
        AJMP INT_T0
        ORG 0790H
MAIN：  MOV SP,#70H
        MOV TMOD,#01H          ；初始化计数器/定时器
        MOV TL0,#00H
        MOV TH0,#4BH
        MOV R0,#0H
        MOV TIMER,#20
        MOV SCON,#00H          ；初始化串行口通信工作方式
        CLR TI
        CLR RI
        SETB TR0               ；开中断
        SETB ET0
        SETB EA
        SJMP $                 ；等待
INT_T0:PUSH ACC
        PUSH PSW
        CLR EA
        CLR TR0
        MOV TL0,#0H
        MOV TH0,#4BH
        SETB TR0
        DJNZ TIMER,EXIT
        MOV TIMER,#20
        MOV DPTR,#CDATA
        MOV A,R0
        MOVC A,@A+DPTR
        CLR TI
        CPL A
        MOV SBUF,A
        INC R0
        CJNE R0,#0AH,EXIT
        MOV R0,#0H
EXIT：  SETB EA
        POP PSW
        POP ACC
        RETI
CDATA:DB 03H,9FH,25H,0DH,99H,49H,41H,1FH,01H,09H
        END
```

3.5 A/D实验单元

1. 实验目的

掌握ADC0809A/D(模/数)转换芯片与单片机的连接方法及其典型应用；掌握用查询方式、中断方式完成A/D转换程序的编写方法。通过实验了解单片机如何进行数据采集。

2. 实验设备及基本步骤

仿真实验设备一套、PC机一台。

基本步骤：① 连接PC机与实验仿真设备；

② 打开PC机及实验仿真设备电源；

③ 连接PC机与调试系统。

3. 实验内容

本实验使用ADC0809模/数转换器，ADC0809是8通道8位CMOS逐次逼近式A/D转换芯片，片内有模拟量通道选择开关及相应的通道锁存、译码电路(如图3-17所示)，A/D转换后的数据由三态锁存器输出，每采集一次一般需100μs，转换精度为±1/512，适用于多路数据采集系统。片内没有时钟需外接时钟信号。由于ADC0809 A/D转换器转换结束后会自动产生EOC信号(高电平有效)，取反后将其与89C51芯片的INT0相连，可以用中断方式读取A/D转换结果。图3-18为该芯片的引脚图。

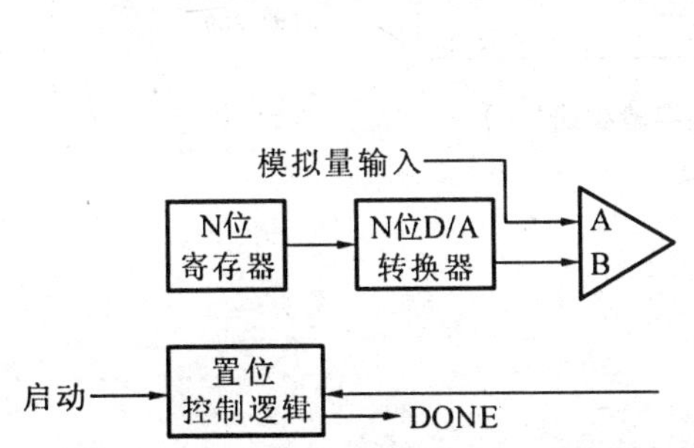

图3-17 逐次逼近式A/D转换器的组成

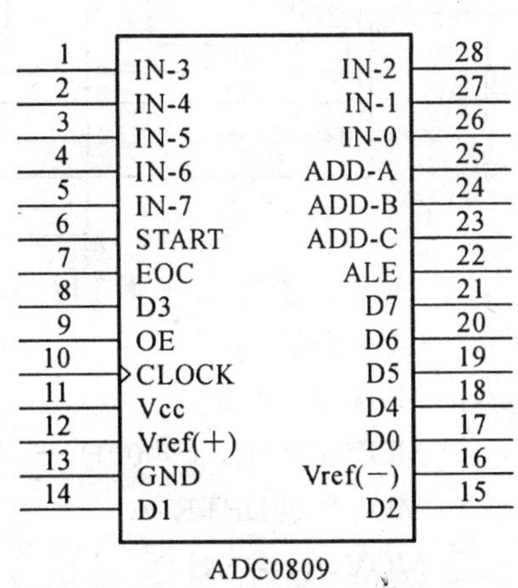

图3-18 ADC 0809引脚图

该芯片各引脚功能如下。

◇ IN0～IN7：8路模拟信号输入端。

◇ ADD-A、ADD-B、ADD-C：三位地址码输入端。8路模拟信号转换选择由这三个端口控制。

◇ CLOCK：外部时钟输入端(小于1MHz)。

◇ D0～D7：数字量输出端。

◇ OE：A/D转换结果输出允许控制端。当OE为高电平时，允许A/D转换结果从D0～D7端输出。

◇ ALE：地址锁存允许信号输入端。8路模拟通道地址由A、B、C输入，在ALE信号有效时将该 8 路地址锁存。

◇ START：启动 A/D 转换信号输入端。当 START 端输入一个正脉冲时，将进行 A/D 转换。

◇ EOC：A/D 转换结束信号输出端。当 A/D 转换结束后，EOC 输出高电平。

◇ Vref(＋)、Vref(－)：正负基准电压输入端，基准正电压的典型值为＋5V。

◇ Vcc 和 GND：芯片的电源端和地址端。

利用电位器提供模拟量输入。编制程序，将模拟量转换成数字量，通过数码管显示。

4. 实验线路、程序流程及参考程序

实验线路如图 3-19、图 3-20 所示，程序流程如图 3-21 所示，参考程序如下。

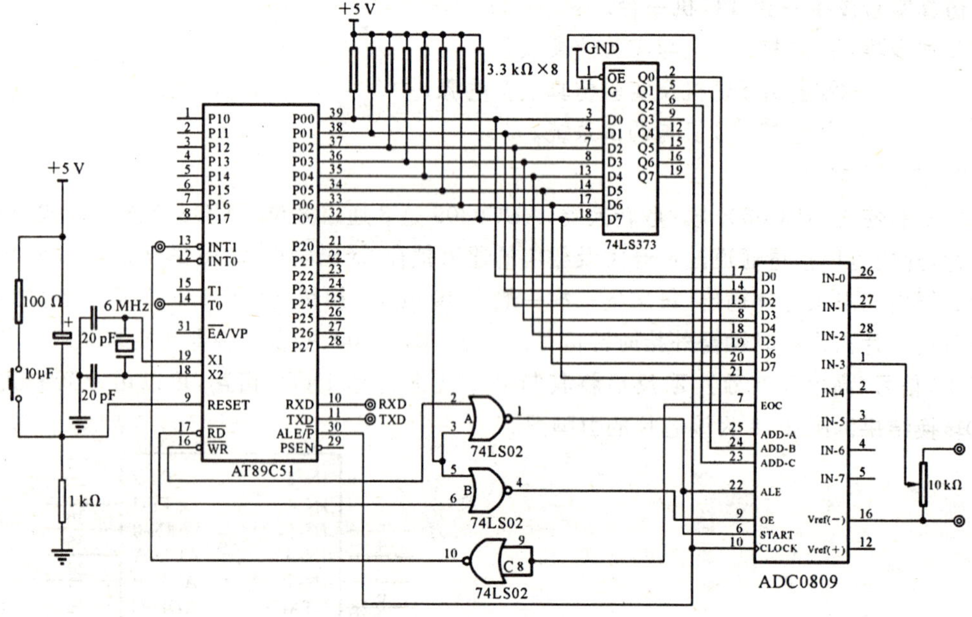

图 3-19 A/D 转换实验线路(一)

```
        ORG 06D0H
MAIN:   MOV A,#00H
        MOV DPTR,#9000H
        MOVX @DPTR,A
        MOV A,#00H
        MOV SBUF,A
        MOV SBUF,A
        MOVX A,@DPTR
DISP:   MOV R0,A
        ANL A,#0FH
  LP:   MOV DPTR,#TAB
        MOVC A,@A+DPTR
        MOV SBUF,A
        MOV R7,#0FH
AD00:   DJNZ R7,AD00
```

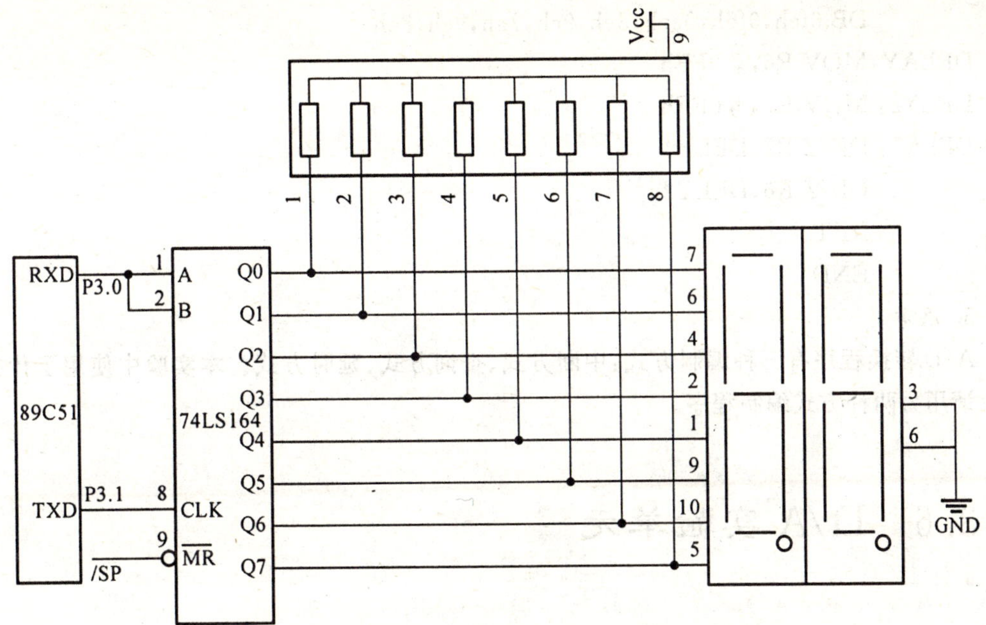

图 3-20　A/D 转换实验线路(二)

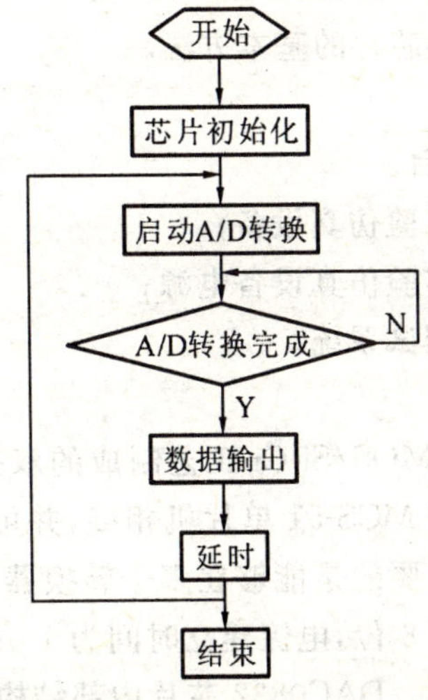

图 3-21　A/D 转换实验程序流程

```
        MOV A,R0
        SWAP A
        ANL A,#0FH
        MOVC A,@A+DPTR
        MOV SBUF,A
        MOV R7,#0FH
AD001:  DJNZ R7,AD001
        LCALL DELAY
        AJMP MAIN
TAB:    DB 0fch,60h,0dah,0f2h,66h,0b6h,0beh,0e0h
```

```
        DB 0feh,0f6h,0eeh,3eh,9ch,7ah,9eh,8eh
DELAY:MOV R6,#0FFh
DELY2: MOV R7,#0FFh
DELY1: DJNZ R7,DELY1
        DJNZ R6,DELY2
        RET
        END
```

5. 思考

A/D 转换程序有三种编制方式：中断方式、查询方式、延时方式。本实验中使用了什么方式？请用另两种方式编制程序。

3.6 D/A 实验单元

1. 实验目的

掌握 D/A 转换与单片机的接口方法；了解 D/A 芯片 DAC0832 的转换性能及编程方法；掌握单片机系统中扩展 D/A 转换芯片的基本方法。

2. 实验设备及基本步骤

仿真实验设备一套、PC 机一台。

基本步骤：① 连接 PC 机与实验仿真设备；

② 打开 PC 机及实验仿真设备电源；

③ 连接 PC 机与调试系统。

3. 预备知识

DAC0832 芯片是用先进的 CMOS/Si-Cr 工艺制成的双列直插式 8 位 D/A 转换器，具有双缓冲器输入结构，它可以直接和 MCS-51 单片机相接，并可以在输出的同时，采集下一个数字量，因而转换速度较快。而更重要的是能够在多个转换器同时工作时，有可能输出模拟量。它的主要技术参数如下：分辨率为 8 位，电流建立时间为 1 μs，单一电源 5 V～15 V直流供电，可双缓冲、单缓冲或直接数据输入。DAC0832 芯片内部结构如图 3-22 所示，其引脚排列如图 3-23 所示。

DAC0832 芯片各引脚功能说明如下。

◇ DI0～DI7：转换数据输入端。

◇ CS：片选信号输入端，低电平有效。

◇ ILE：数据锁存允许信号输入端，高电平有效。

◇ WR1：第一写信号输入端，低电平有效。

◇ Xfer：数据传送控制信号输入端，低电平有效。

◇ WR2：第二写信号输入端，低电平有效。

◇ Iout1：电流输出 1 端，当数据全为 1 时，输出电流最大；当数据全为 0 时，输出电流最小。

◇ Iout2：电流输出 2 端。DAC0832 具有：Iout1＋Iout2＝常数的特性。

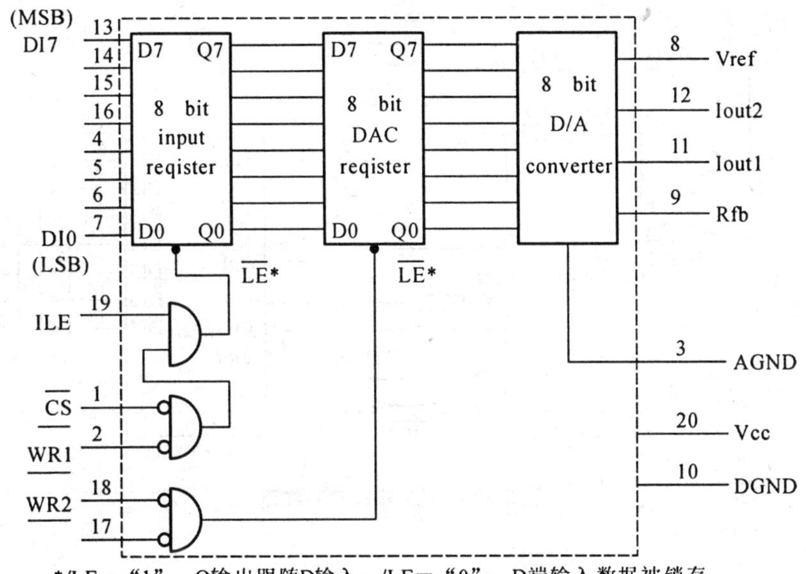

*/LE=“1”，Q输出跟随D输入；/LE=“0”，D端输入数据被锁存

图 3-22 DAC0832 芯片结构

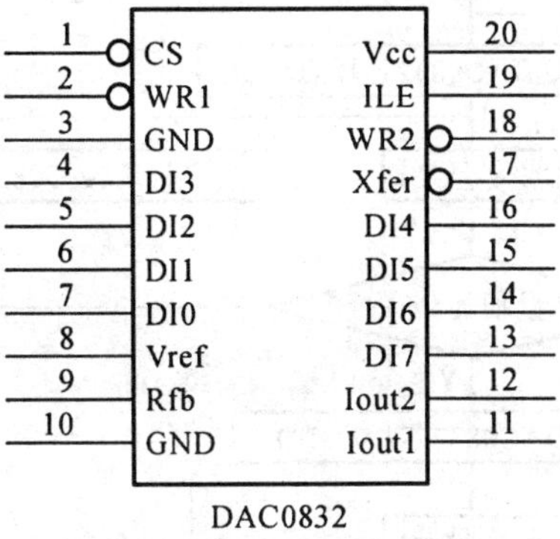

引脚	名称	名称	引脚
1	CS	Vcc	20
2	WR1	ILE	19
3	GND	WR2	18
4	DI3	Xfer	17
5	DI2	DI4	16
6	DI1	DI5	15
7	DI0	DI6	14
8	Vref	DI7	13
9	Rfb	Iout2	12
10	GND	Iout1	11

DAC0832

图 3-23 DAC0832 芯片引脚图

◇ Rfb：反馈电阻端。

◇ Vref：基准电压端，是外加的高精度电压源，它与芯片内的电阻网络相连接，该电压的范围为：－10V～＋10V。

◇ Vcc 和 GND：芯片的电源端和地址端。

DAC0832 芯片内部有两个寄存器，而这两个寄存器的控制信号有五个，输入寄存器由 ILE、CS、WR1 控制，DAC 寄存器由 WR2、Xfer 控制，用软件指令控制这五个控制端可实现三种工作方式：直通方式、单缓冲方式、双缓冲方式。

三种工作方式的区别是：直通方式不需要选通，直接 D/A 转换；单缓冲方式一次选通；双缓冲方式二次选通。

4. 实验内容

利用 DAC0832 芯片输出一个从－5 V 开始逐渐升至 0 V，再逐渐升至 5 V，又从 5 V 开始逐渐降至 0 V，再逐渐降至－5 V 的锯齿波电压。

5. 实验线路、程序流程及参考程序

实验线路如图 3-24 所示，程序流程如图 3-25 所示，参考程序如下。

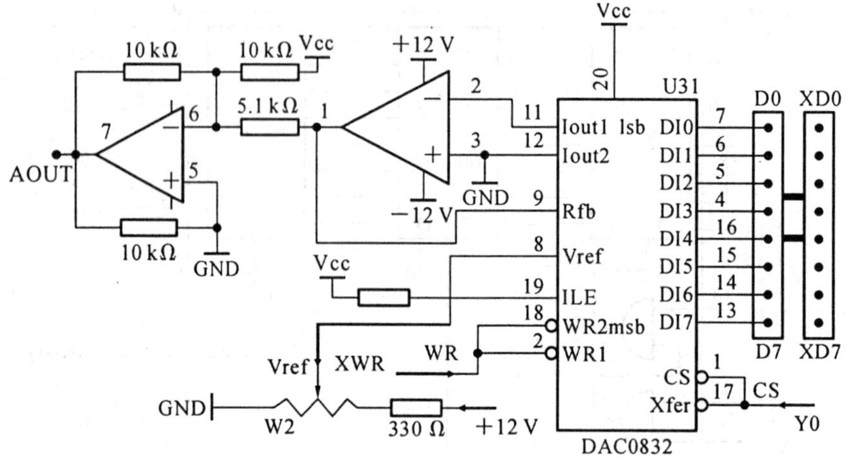

图 3-24　D/A 转换实验线路

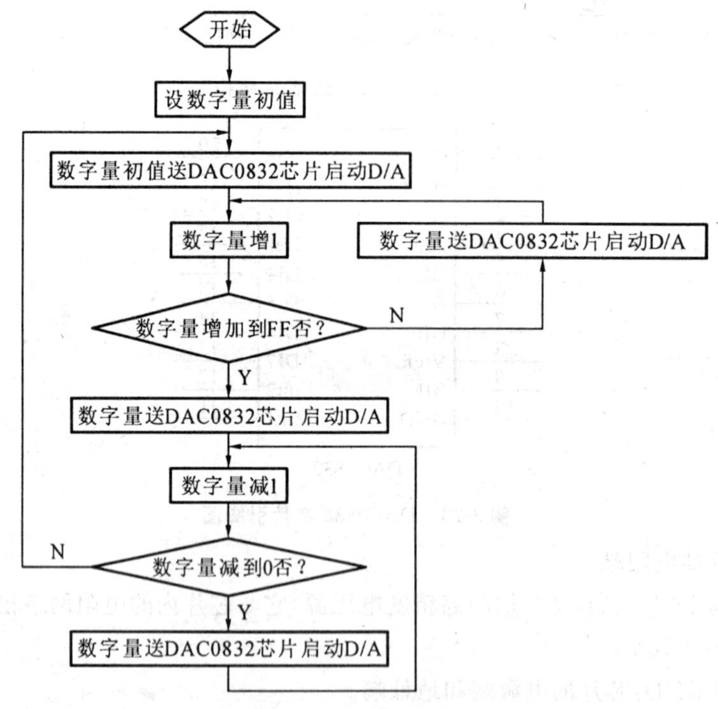

图 3-25　D/A 转换实验程序流程

```
        ORG 0740H
DA00：  MOV SP,#53H
DA001： MOV R6,#00H
DA002： MOV DPTR,#8000H
        MOV A,R6
        MOVX @DPTR,A
        MOV R2,#0BH
        LCALL DELAY
        INC R6
```

```
         CJNE R6,#0FFH,DA002
DA003:   MOV DPTR,#8000H
         DEC R6
         MOV A,R6
         MOVX @DPTR,A
         MOV R2,#0BH
         LCALL DELAY
         CJNE R6,#00H,DA003
         SJMP DA001
DELAY:   PUSH 02H
DELAY1:  PUSH 02H
DELAY2:  PUSH 02H
DELAY3:  DJNZ R2,DELAY3
         POP 02H
         DJNZ R2,DELAY2
         POP 02H
         DJNZ R2,DELAY1
         POP 02H
         DJNZ R2,DELAY
         RET
         END
```

6. 思考

DAC0832 芯片有三种工作方式，本实验用的是哪种？

3.7 定时/计数器 8253A 芯片应用实验单元

1. 实验目的

学会 8253A 芯片与微机接口的原理和方法；掌握定时/计数器 8253A 芯片的工作方式和编程原理。

2. 实验设备及基本步骤

仿真实验设备一套、PC 机一台。

基本步骤：① 连接 PC 机与实验仿真设备；

② 打开 PC 机及实验仿真设备电源；

③ 连接 PC 机与调试系统。

3. 预备知识

定时/计数器 8253A 芯片具有定时、计数双功能。它具有三个相同且相互独立的 16 位减法计数器，分别称为计数器 0、计数器 1、计数器 2。每个计数器计数频率为 0～2MHz，其内部结构如图 3-26 所示。由于其内部数据总线缓冲器为双向三态，故可直接接在系统数据总线上，通过 CPU 写入计数初值，也可由 CPU 读出计数当前值，其工作方式通过设置在控制寄存器中的控制字确定。图 3-26 中的读/写控制逻辑，当选中该芯片时，根据写命令及送来的地址信息控制整个芯片工作。图 3-26 中的控制字寄存器用于接收数据总线缓冲器的信息：当写入控制字时，指定计数器的工作方式。控制寄存器为 8 位，只写不能读。

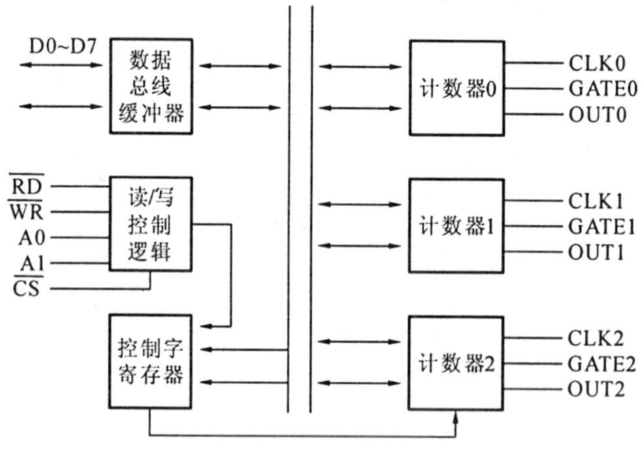

图 3-26　8253A 芯片内部结构

4. 实验内容

8253A 芯片的通道工作在方式 3，产生方波。

5. 实验线路、程序流程及参考程序

实验线路如图 3-27 所示、程序流程如图 3-28 所示，参考程序如下。

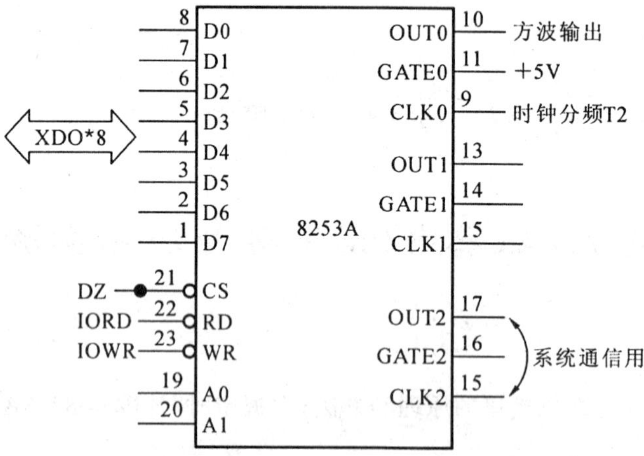

图 3-27　方波实验线路

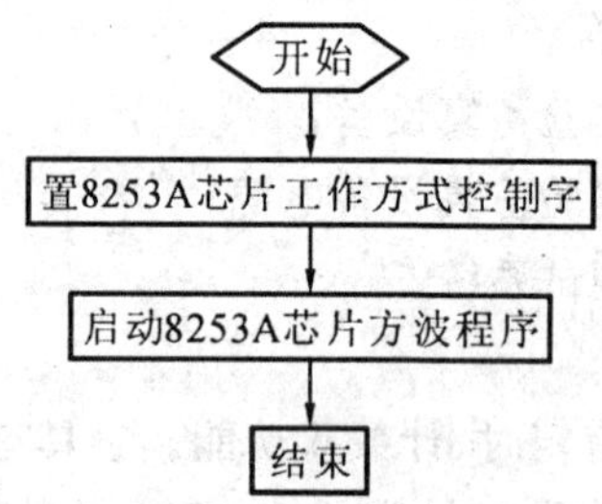

图 3-28　方波实验程序流程

```
        ORG 0100H
L8253：MOV DPTR,#0C003H
        MOV A,#36H
        MOVX @DPTR,A
        MOV DPTR,#0C000H
        MOV A,#00H
        MOVX @DPTR,A
        MOV A,#10H
        MOVX @DPTR,A
        SJMP $
        END
```

第4章 工业控制应用实验

单片机在工业生产过程中有着重要地位，从最初自动检测和数据处理，发展到对生产过程进行控制，如数控机床的机电控制、锅炉的温度检测等。

4.1 机电控制实验单元

继电器是机电控制中的一个常用器件，除了作为电气电路控制的执行机构外还起到电子电路与电气部分的隔离，有很好的保护作用。

实验4-1 继电器控制实验

1. 实验目的

掌握用继电器控制的基本方法和编程。

2. 实验设备及基本步骤

仿真实验设备一套、PC机一台。

基本步骤：① 连接PC机与实验仿真设备；
② 打开PC机及实验仿真设备电源；
③ 连接PC机与调试系统。

3. 实验内容

利用P1口输出高低电平，控制继电器的开合，以实现对外部装置的控制。

本实验采用JZC-23F型继电器，其控制电压为5 V。继电器电路中一般要在继电器的线圈两端加一个二极管，以吸收继电器线圈断电时产生的反电势，防止干扰。

P1.0电平变化控制继电器，低电平时继电器吸合，常开触点接上，L1点亮，L2熄灭；高电平时继电器不工作，常闭触点闭合，L1熄灭，L2点亮。

4. 实验线路、程序流程及参考程序

实验线路如图4-1所示，程序流程如图4-2所示，参考程序如下。

```
        ORG 0160H
MAIN:   SETB P1.0
        LCALL DELAY
        CLR P1.0
        LCALL DELAY
```

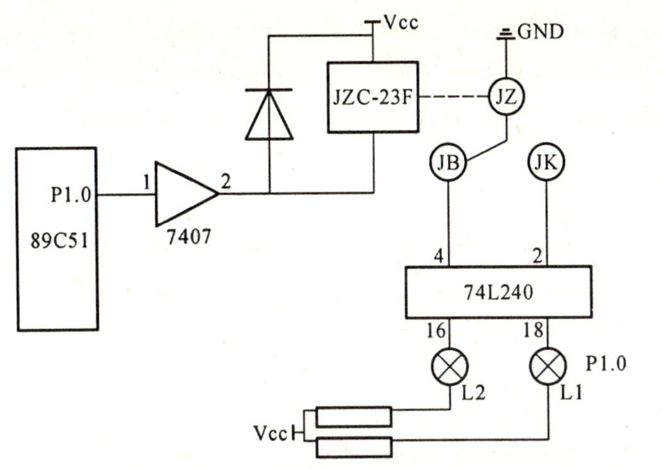

图 4-1　继电器实验线路

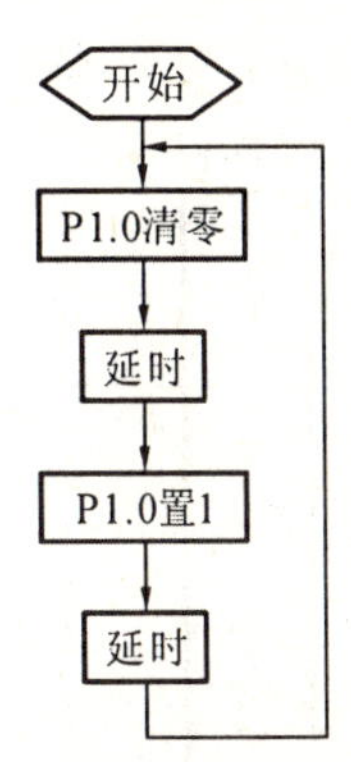

图 4-2　继电器实验程序流程

```
        SJMP MAIN
DELAY：  MOV R7,#0FFH
DELAY1：MOV R6,#0FFH
DELAY2：DJNZ R6,DELAY2
        DJNZ R7,DELAY1
        RET
        END
```

实验 4-2　步进电动机控制实验

1. 预备知识

步进电动机是一种将脉冲信号转换成角度位移或线位移的机电器件，是工业过程控制及仪表中常用的控制组件之一。例如在机械装置中可以用丝杠把角度变为直线位移，也可以用步进电动机带动螺旋电位器调节电压或电流，从而实现对执行机构的控制。步进电动机可以直接接收数字信号而不必进行数/模转换，用起来非常方便。步进电动机还具有快速启停、精确步进和定位等特点，因而在数控机床、绘图仪、打印机及光学仪器中得到广泛的应用。

步进电动机的工作方式有三线式、五线式、六线式三种，但其控制方式均相同，以脉冲电流来驱动，调节脉冲信号的频率便可改变步进电动机的转速。步进电动机驱动原理是通过对其每相线圈中的电流和顺序切换来使电动机作步进式旋转。三相步进电动机结构如图 4-3 所示。

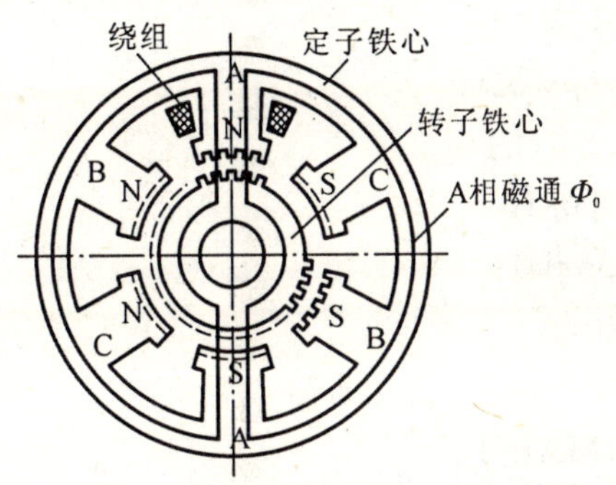

图 4-3　三相步进电动机结构示意图

步进电动机以三相六拍方式工作，图 4-4 所示为三相六拍环形脉冲分配器简化图。若通电顺序为 A→AB→B→BC→CA→A 为正转，则 A→AC→C→CB→B→BA 为反转。当改变 CP 脉冲的周期时，A、B、C 三相绕组高低电平的宽度将发生变化，使步进电动机转速改变。

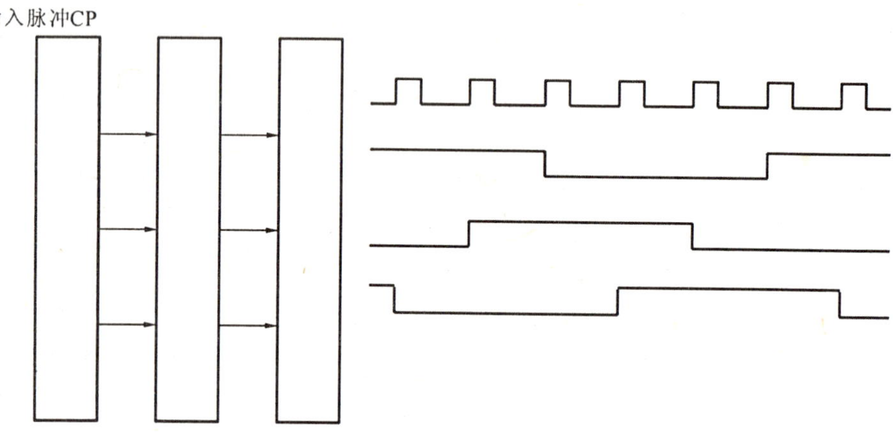

图 4-4 三相六拍环形脉冲分配器简化图

2. 实验目的

了解步进电动机工作原理，掌握单片机步进电动机控制系统的基本原理及硬件设计方法，熟悉步进电动机驱动程序的设计与调试，提高单片机应用系统的设计与调试水平。

3. 实验设备及基本步骤

仿真实验设备一套、PC 机一台。

基本步骤：① 连接 PC 机与实验仿真设备；

② 打开 PC 机及实验仿真设备电源；

③ 连接 PC 机与调试系统。

4. 实验内容

从键盘上输入正、反转命令，转速参数和转动步数显示在显示器上，由 CPU 再读取显示器上显示的正、反转命令及转速级数(16 级)和转动步数后执行。转动步数减为零时停止转动。

5. 实验线路、程序流程及参考程序

实验线路如图 4-5 所示，程序流程如图 4-6 所示，参考程序如下。

```
          ORG 1A30H
MAIN:     MOV SP,#50H
          MOV 7EH,#00H
          MOV 7DH,#02H
          MOV R0,#7CH
          MOV A,#08H
          MOV R4,#04H
MAIN1:    MOV @R0,A
          DEC R0
          DJNZ R4,MAIN1
          MOV A,#7EH
          MOV DPTR,#1FFFH     ;DISPFLAG
```

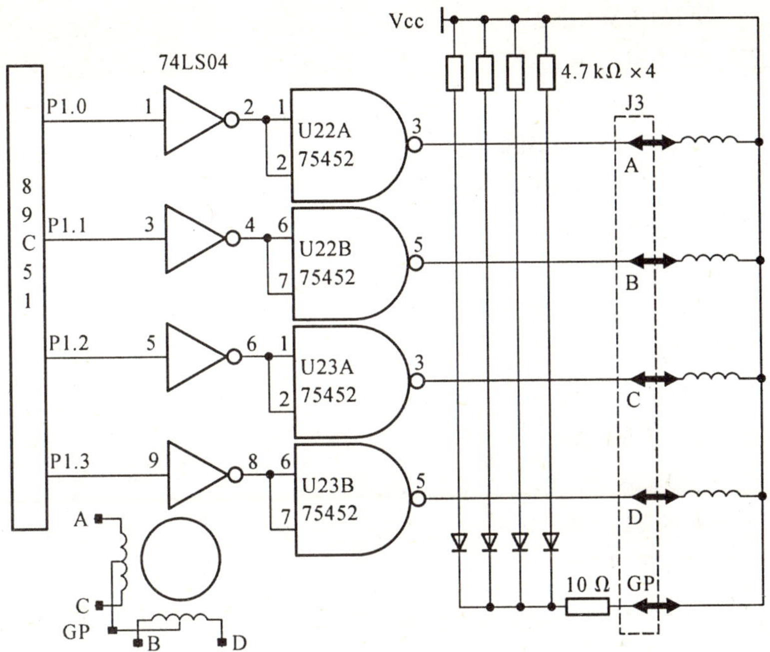

图 4-5 步进电动机实验线路

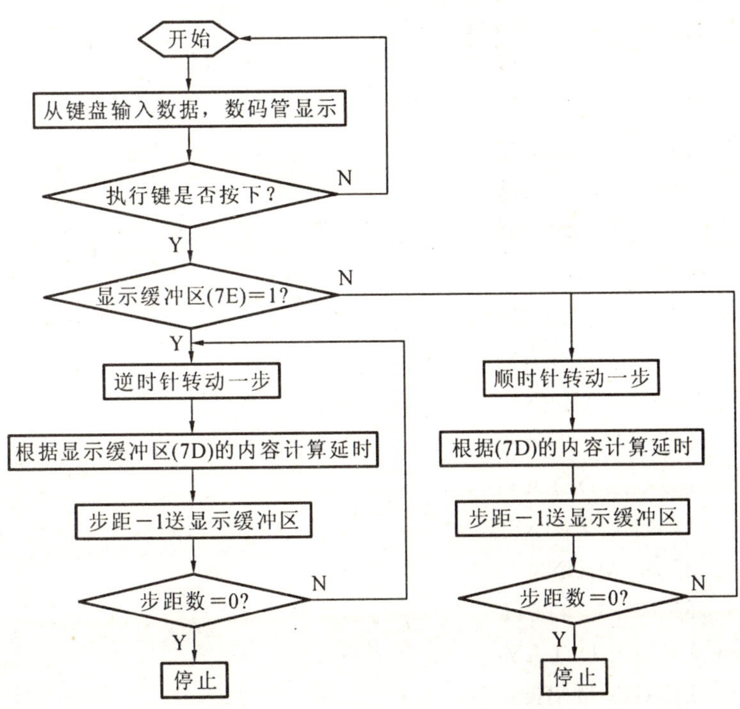

图 4-6 步进电动机实验程序流程

```
          MOVX @DPTR,A
          MOV 76H,#00H
          MOV 77H,#00H
KEYDISP0: LCALL KEY
          JC DATAKEY
```

```
            AJMP MAIN2
DATAKEY：   LCALL DATAKEY1
            DB 79H,7EH
            SJMP KEYDISP0
MAIN2：     CJNE A,#16H,KEYDISP0
            LCALL DISP
            MOV A,7AH
            ANL A,#0FH
            SWAP A
            ADD A,79H
            MOV R6,A
            MOV A,7CH
            ANL A,#0FH
            SWAP A
            ADD A,7BH
            MOV R7,A
            MOV A,7EH
            CJNE A,#00H,MAIN4
MAIN3：     MOV P1,#03H
            LCALL DELAY0
            LCALL MAIN5
            MOV P1,#06H
            LCALL DELAY0
            LCALL MAIN5
            MOV P1,#0CH
            LCALL DELAY0
            LCALL MAIN5
            MOV P1,#09H
            LCALL DELAY0
            LCALL MAIN5
            SJMP MAIN3
MAIN4：     MOV P1,#09H
            LCALL DELAY0
            LCALL MAIN5
            MOV P1,#0CH
            LCALL DELAY0
            LCALL MAIN5
            MOV P1,#06H
            LCALL DELAY0
            LCALL MAIN5
```

```
          MOV P1,#03H
          LCALL DELAY0
          LCALL MAIN5
          SJMP MAIN4
MAIN5:    DEC R6
          CJNE R6,#0FFH,MAIN6
          DEC R7
          CJNE R7,#0FFH,MAIN6
          LJMP MAIN
MAIN6:    LCALL MAIN7
          RET
MAIN7:    MOV R0,#79H
          MOV A,R6
          LCALL MAIN8
          MOV A,R7
          LCALL MAIN8
          LCALL DISP
          RET
MAIN8:    MOV R1,A
          ACALL MAIN9
          MOV A,R1
          SWAP A
MAIN9:    ANL A,#0FH
          MOV @R0,A
          INC R0
          RET
DELAY0:   MOV R0,#7DH
          MOV A,@R0
          SWAP A
          MOV R4,A
DELAY1:   MOV R5,#80H
DELAY2:   DJNZ R5,DELAY2
          LCALL DISP
          DJNZ R4,DELAY1
          RET
DATAKEY1:MOV R4,A
          MOV DPTR,#1FFFH
          MOVX A,@DPTR
          MOV R1,A
          MOV A,R4
```

```
            MOV @R1,A
            CLR A
            POP 83H
            POP 82H
            MOVC A,@A+DPTR
            INC DPTR
            CJNE A,01H,DATAKEY3
            DEC R1
            CLR A
            MOVC A,@A+DPTR
DATAKEY2:PUSH 82H
            PUSH 83H
            MOV DPTR,#1FFFH
            MOVX @DPTR,A
            POP 83H
            POP 82H
            INC DPTR
            PUSH 82H
            PUSH 83H
            RET
DATAKEY3:DEC R1
            MOV A,R1
            SJMP DATAKEY2
KEY0:       MOV R6,#20H
            MOV DPTR,#1FFFH
            MOVX A,@DPTR
            MOV R0,A
            MOV A,@R0
            MOV R7,A
            MOV A,#10H
            MOV @R0,A
KEY3:       LCALL KEYDISP
            JNB 0E5H,KEY2
            DJNZ R6,KEY3
            MOV DPTR,#1FFFH
            MOVX A,@DPTR
            MOV R0,A
            MOV A,R7
            MOV @R0,A
KEY:        MOV R6,#50H
```

```
KEY1:      LCALL KEYDISP
           JNB 0E5H,KEY2
           DJNZ R6,KEY1
           SJMP KEY0
KEY2:      MOV R6,A
           MOV A,R7
           MOV @R0,A
           MOV A,R6              ;A=KEYDATA
KEYEND:    RET
KEYDISP:   LCALL DISP
           LCALL KEYSM
           MOV R4,A              ; KEYDATA
           MOV R1,#76H           ; DATASAME TIME
           MOV A,@R1
           MOV R2,A
           INC R1
           MOV A,@R1
           MOV R3,A              ; LAST KEYDATA
           XRL A,R4              ; TWO TIME KEYDATA
           MOV R3,04H            ; NEW KEYDATA——R3
           MOV R4,02H            ; TIME——R4
           JZ KEYDISP1
           MOV R2,#88H
           MOV R4,#88H
KEYDISP1:  DEC R4
           MOV A,R4
           XRL A,#82H
           JZ KEYDISP2
           MOV A,R4              ; R4=TIME
           XRL A,#0EH
           JZ KEYDISP2
           MOV A,R4
           ORL A,R4
           JZ KEYDISP3
           MOV R4,#20H           ; R4=20H
           DEC R2
           LJMP KEYDISP5
KEYDISP3:  MOV R4,#0FH
KEYDISP2:  MOV R2,04H
           MOV R4,03H
```

```
KEYDISP5：MOV R1,#76H
          MOV A,R2
          MOV @R1,A
          INC R1
          MOV A,R3
          MOV @R1,A
          MOV A,R4
          CJNE R3,#10H,KEYDISP4
KEYDISP4：RET
DISP：    SETB 0D4H
          MOV R1,#7EH
          MOV R2,#20H
          MOV R3,#00H
DISP1：   MOV DPTR,#0FF21H
          MOV A,R2
          MOVX @DPTR,A
          MOV DPTR,#DATA1
          MOV A,@R1
          MOVC A,@A+DPTR
          MOV DPTR,#0FF22H
          MOVX @DPTR,A
DISP2：   DJNZ R3,DISP2
          DEC R1
          CLR C
          MOV A,R2
          RRC A
          MOV R2,A
          JNZ DISP1
          MOV A,#0FFH
          MOV DPTR,#0FF22H
          MOVX @DPTR,A
          CLR 0D4H
          RET
DATA1：   DB 0C0H,0F9H,0A4H,0B0H,99H,92H,82H,0F8H,80H,90H
          DB 88H,83H,0C6H,0A1H,86H,8EH,0FFH,0CH,89H,0DEH
KEYSM：   SETB 0D4H
          MOV A,#0FFH
          MOV DPTR,#0FF22H
          MOVX @DPTR,A          ; OFF DISP
KEYSM0：  MOV R2,#0FEH
```

```
          MOV R3,#08H
          MOV R0,#00H
KEYSM1:   MOV A,R2
          MOV DPTR,#0FF21H
          MOVX @DPTR,A
          NOP
          RL A
          MOV R2,A
          MOV DPTR,#0FF23H
          MOVX A,@DPTR
          CPL A
          NOP
          NOP
          NOP
          ANL A,#0FH
          JNZ KEYSM2
          INC R0                    ;NOKEY
          DJNZ R3,KEYSM1
          SJMP KEYSM10
KEYSM2:   CPL A                     ;YKEY
          JB 0E0H,KEYSM3
          MOV A,#00H
          SJMP KEYSM7
KEYSM3:   JB 0E1H,KEYSM4
          MOV A,#08H
          SJMP KEYSM7
KEYSM4:   JB 0E2H,KEYSM5
          MOV A,#10H
          SJMP KEYSM7
KEYSM5:   JB 0E3H,KEYSM10
          MOV A,#18H
KEYSM7:   ADD A,R0
          CLR 0D4H
          CJNE A,#10H,KEYSM9
KEYSM9:   JNC KEYSM10
          MOV DPTR,#DATA2
          MOVC A,@A+DPTR
KEYSM10:  RET
          DATA2:DB 07H,04H,08H,05H,09H,06H,0AH,0BH
          DB 01H,00H,02H,0FH,03H,0EH,0CH,0DH
          END
```

6. 如何改变步进电动机的工作方式？修改程序实现四相八拍环形分配输出。

实验 4-3　直流电动机调速控制实验

1. 实验目的

熟悉直流电动机的驱动原理，了解直流电动机调速原理及实现方法，掌握 DAC0832 芯片电路的接口技术和应用方法。

2. 实验设备及基本步骤

仿真实验设备一套、PC 机一台。

基本步骤：① 连接 PC 机与实验仿真设备；
② 打开 PC 机及实验仿真设备电源；
③ 连接 PC 机与调试系统。

3. 实验内容

PWM 是单片机上常用的模拟量输出方法，用占空比不同的脉冲驱动直流电动机转动，从而得到不同的转速。用 DAC0832 D/A 转换后的输出经放大后驱动直流电动机。编制程序改变 DAC0832 芯片输出经放大后的方波信号的占空比来控制电动机转速。本实验中 D/A 输出为双极性输出，因此直流电动机可以正反向旋转。

4. 实验线路、程序流程及参考程序

实验线路如图 4-7 所示，程序流程如图 4-8 所示，参考程序如下。

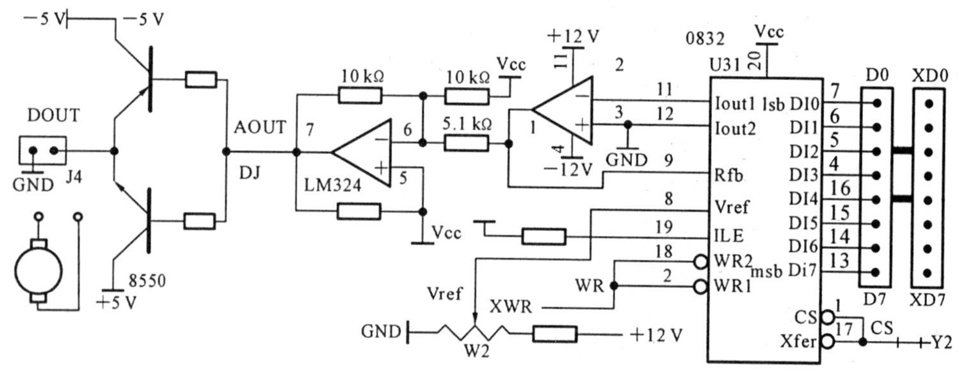

图 4-7　直流电动机实验线路

```
        ORG 1030H
ZLDJ:   MOV SP,#53H
        MOV DPTR,#8000H
        MOV A,#0FFH
ZLDJ1:  MOVX @DPTR,A
        LCALL DELAY
ZLDJ2:  DEC A
        LCALL DELAY
        MOVX @DPTR,A
        CJNE A,#00H,ZLDJ2
ZLDJ3:  INC A
        MOVX @DPTR,A
```

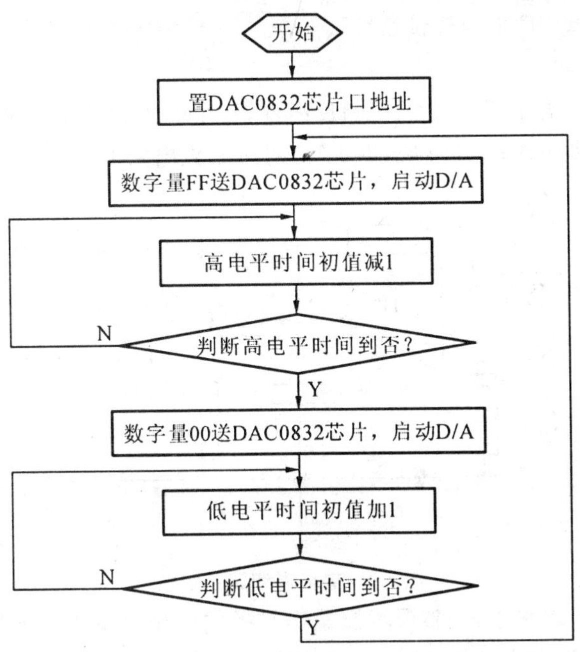

图 4-8 直流电动机实验程序流程

```
         LCALL DELAY
         CJNE A,#0FFH,ZLDJ3
         SJMP ZLDJ1
DELAY:   MOV R7,#0FFH
DELAY1:  MOV R6,#80H
DELAY2:  DJNZ R6,DELAY2
         DJNZ R7,DELAY1
         RET
         END
```

4.2 温度测量实验

1. 实验目的

在温度测量中，需要将温度的变化转换为对应电信号的变化。常用的热电传感器有热电阻、热电偶、集成温度传感器等。

了解热电偶的基本工作原理，熟悉小信号放大器的工作原理和零点、增益的调整方法，掌握双积分 AD5G14433 芯片的接口技术和提高系统精度的方法，学会用查表的方法编写简单的应用系统软件。

2. 实验设备及基本步骤

仿真实验设备一套、PC 机一台。

基本步骤：① 连接 PC 机与实验仿真设备；

② 打开 PC 机及实验仿真设备电源；

③ 连接 PC 机与调试系统。

3. 实验内容及步骤

热电偶测温系统组成包含一个温度测量组件，一个毫伏测量电路和连接它们的补偿导线，如图 4-9 所示。热电偶测温范围为 0～200 ℃，对应放大电路的输出电压为 0～2 V。

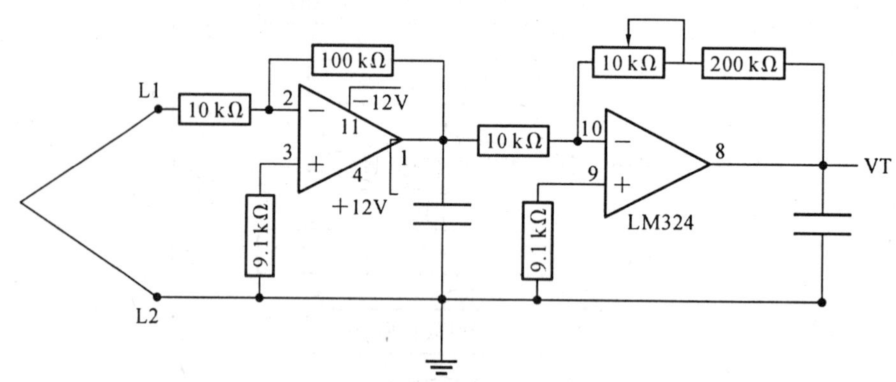

图 4-9 热电偶测温系统图

(1) 将热电偶置于沸水中，调整温度测量实验板的电位器 RW1，使输入到 A/D 转换芯片的电压为 1 V，再在沸水中逐渐加入冷水，输入电压随水温的变化而变化，用万用表或示波器测试放大器的工作状态，使放大器输出电压随水温在 0～1 V 变化。

(2) 如果将热电偶端靠近电烙铁，由于电烙铁的温度较高，达到热电偶的最高温度值。因此，输入到 A/D 芯片的电压范围可以达到 0～2 V。

(3) 根据要求编程、调试。观察显示器上显示的 A/D 结果，随水温的变化而变化。

4. 实验线路、程序流程及参考程序

实验线路如图 4-10 所示，程序流程如图 4-11 所示，参考程序如下。

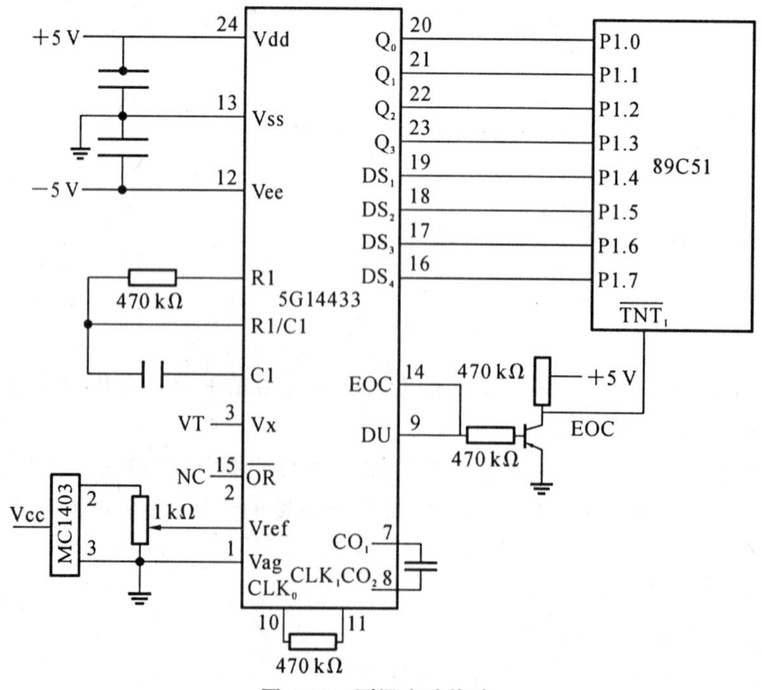

图 4-10 测温实验线路

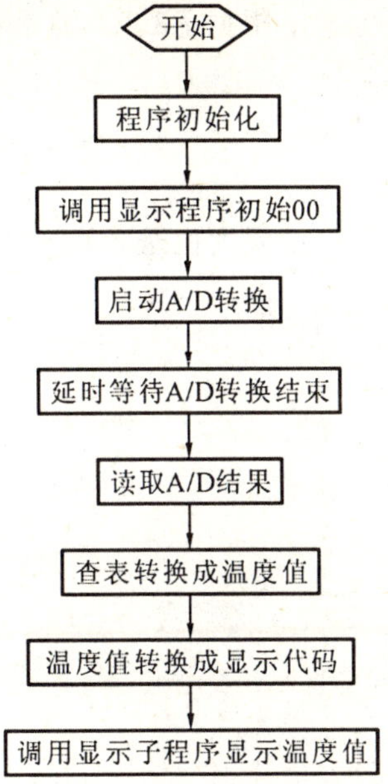

图 4-11 测温实验程序流程

```
        ORG 8000H
SRTR:   LJMP CAIM
        ORG 8013H
        LJMP CIT1
        ORG 8030
CAIM:   MOV SP,#60H
        SETB IT1
        SETB EX1
        MOV 20H,#00H
        MOV 21H,#00H
        SETB EA
COOP:   MOV 30H,#00H        ;A/D 转换值缩小 10 倍
        MOV A,20H
        ANL A,#10H
        SWAP A
        MOV 31H,A
        MOV A,20H
        ANL A,#0FH
        MOV 32H,A
        MOV A,21H
        NAL A,0F0H
        SWAP A
        MOV 33H,A
        LCALL CDTB
```

```
        LCALL CTBB          ；根据 R3、R4，查表得温度值送 R3、R4
        MOV A,R3
        ANL A,#0F0H
        SWAP A
        MOV 3CH,A           ；温度值送 3CH～39H
        MOV A,R3
        ANL A,#0FH
        MOV 3BH,A
        MOV A,R4
        ANL A,#0F0H
        SWAP A
        MOV 3AH,A
        MOV A,R4
        ANL A,#0FH
        MOV 39H,A
        MOV A,#0CH
        MOV 3EH,A
        MOV A,#14H
        MOV 3DH,A
        LCALL CDTR          ；调用显示子程序
        LJMP COOP
CIT1:   PUSH PSW
        PUSH ACC
        SETB PSW.3
        MOV A,P1
        JNB ACC.4,CIT1
        JB ACC.2,CL1
        SETB 07H
        LJMP CL2
CL1:    CLR 07H
CL2:    JB ACC.3,CL3
        SETB 04H
        LJMP CL4
CL3:    CLR 04H
CL4:    MOV A,P1
        JNB ACC.5,CL4
        MOV R0,#20H
        XCHD A,@R0
CL5:    MOV A,P1
        JNB ACC.6,CL6
```

```
        SWAP A
        INC R0
        MOV @R0,A
CL6:    MOV A,P1
        JNB ACC.7,CL6
        XCHD A,@R0
        POP ACC
        POP PSW
        RETI
        CDTB:MOV R3,#0        ；BCD码转换成二进制数送R3、R4
        MOV R2,#03H
        MOV R0,#30H
        MOV A,@R0
        MOV R4,A
CDTL:   MOV A,R4
        MOV B,#10H
        MAL AB
        MOV R4,A
        MOV A,B
        XCH A,R3
        MOV B,#10
        MUL AB
        ADD A,R3
        MOV R3,A
        INC R3
        MOV A,R4
        ADD A,@R0
        MOV R4,A
        MOV A,R3
        ADDC A,#0
        MOV R3,A
        DJNZ R2,CDTL
        RET
CTBB:   MOV DPTR,#TAB1
        MOV A,R4
        CLR C
        RLC A
        MOV R4,A
        XCH A,R3
        RLC A
```

```
        XCH A,R3
        ADD A,DPL
        MOV DPL,A
        MOV A,DPH
        ADDC A,R3
        MOV DPH,A
        CLR A
        MOVC A,@A+DPTR
        MOV R3,A
        CLR A
        INC DPTR
        MOVC A,@ADPTR
        MOV R4,A
        RET
TAB1:   DW 0000H,0001H,0002H,0003H,
        DW 0004H,0005H,0006H,0007H,
        DW 0008H,0009H,0010H,0011H,
        DW 0012H,0013H,0014H,0015H,
        DW 0016H,0017H,0018H,0019H,
        DW 0020H,0021H,0022H,0023H,
        DW 0024H,0025H,0026H,0027H,
        DW 0028H,0029H,0030H,0031H,
        DW 0032H,0033H,0034H,0035H,
        DW 0036H,0037H,0038H,0039H,
        DW 0040H,0041H,0042H,0043H
        DW 0044H,0045H,0046H,0047H,
        DW 0048H,0049H,0050H,0051H,
        DW 0052H,0053H,0054H,0055H,
        DW 0056H,0057H,0058H,0059H,
        DW 0060H,0061H,0062H,0063H,
        DW 0064H,0065H,0066H,0067H,
        DW 0068H,0069H,0070H,0071H,
        DW 0072H,0073H,0074H,0075H,
        DW 0076H,0077H,0078H,0079H,
        DW 0080H,0081H,0082H,0083H,
        DW 0084H,0085H,0086H,0087H,
        DW 0088H,0089H,0090H,0091H,
        DW 0092H,0093H,0094H,0095H,
        DW 0096H,0097H,0098H,0099H,
        DW 0100H,0101H,0102H,0103H,
```

```
        DW 0104H,0105H,0106H,0107H,
        DW 0108H,0109H,0110H,0111H,
        DW 0112H,0113H,0114H,0115H,
        DW 0116H,0117H,0118H,0119H,
        DW 0120H,0121H,0122H,0123H,
        DW 0124H,0125H,0126H,0127H,
        DW 0128H,0129H,0130H,0131H,
        DW 0132H,0133H,0134H,0135H,
        DW 0136H,0137H,0138H,0139H,
        DW 0140H,0141H,0142H,0143H,
        DW 0144H,0145H,0146H,0147H,
        DW 0148H,0149H,0150H,0151H,
        DW 0152H,0153H,0154H,0155H,
        DW 0156H,0157H,0158H,0159H,
        DW 0160H,0161H,0162H,0163H,
        DW 0164H,0165H,0166H,0167H,
        DW 0168H,0169H,0170H,0171H,
        DW 0172H,0173H,0174H,0175H,
        DW 0176H,0177H,0178H,0179H,
        DW 0180H,0181H,0182H,0183H,
        DW 0184H,0185H,0186H,0187H,
        DW 0188H,0189H,0190H,0191H,
        DW 0192H,0193H,0194H,0195H,
        DW 0196H,0197H,0198H,0199H,
        DW 0200H,0201H,0202H,0203H,
CDIR：  LCALL 0026H
        RET
        END
```

MCS-51 指令集

1. 数据传送类指令

助　记　符	说　　明	字节数	执行时间（机器周期）	代　　码
MOV A,Rn	寄存器内容送累加器 A	1	1	E8H～EFH
MOV A,direct	直接寻址字节送累加器 A	2	1	E5,direct
MOV A,@Ri	间接寻址 RAM 送累加器 A	1	1	E6H～E7 H
MOV A,＃data	立即数送累加器 A	2	1	74H,data
MOV Rn,A	累加器 A 内容送寄存器	1	1	F8H～FFH
MOV Rn,direct	直接寻址字节送寄存器	2	2	A8H～AFH,direct
MOV Rn,＃data	立即数送寄存器	2	1	78H～7FH,data
MOV direct,A	累加器 A 内容送直接寻址字节	2	1	F5H,direct
MOV direct,Rn	寄存器内容送直接寻址字节	2	2	88H～8FH,direct
MOV direct1,direct2	直接寻址字节送直接寻址字节	3	2	85H,direct1,direct2
MOV direct,@Ri	间接寻址 RAM 送直接寻址字节	2	2	86H～87H
MOV direct,＃data	立即数送直接寻址字节	3	2	75H,direct,＃data
MOV @Ri,A	累加器 A 送间接寻址 RAM	1	1	F6H～F7H
MOV @Ri,direct	直接寻址字节送间接寻址 RAM	2	2	A6H～A7H,direct
MOV @Ri,＃data	立即数送间接寻址 RAM	2	1	76H～77H ,data
MOV DPTR,＃data16	16 位常数装入数据指针	3	2	90H,data1H,data1L
MOVC A,@A+DPTR	代码字节送累加器 A	1	2	93H
MOVC A,@A+PC	代码字节送累加器 A	1	2	83H
MOVX A,@Ri	外部 RAM(8 位地址)送累加器 A	1	2	E2H～E3H
MOVX A,@DPTR	外部 RAM(16 位地址)送累加器 A	1	2	E0H
MOVX @Ri,A	累加器 A 送外部 RAM(8 位地址)	1	2	F2H～F3H
MOVX @DPTR,A	累加器 A 送外部 RAM(16 位地址)	1	2	F0H
PUSH direct	直接寻址字节压入栈顶,SP 加 1	2	2	C0H,direct
POP direct	栈顶字节弹到直接地址,SP 减 1	2	2	D0H,direct
XCH A,Rn	寄存器与累加器 A 交换	1	1	C8H～CFH

续表

助 记 符	说 明	字节数	执行时间（机器周期）	代 码
XCH A,direct	直接寻址字节与累加器A交换	2	1	C5H,direct
XCH A,@Ri	间接寻址RAM与累加器A交换	1	1	C6H～C7H
XCHD A,@Ri	间接寻址RAM与A低半字节交换	1	1	D6H～D7H
SWAP A	累加器A内高低半字节交换	1	1	C4H

2. 算术运算类指令

助 记 符	说 明	字节数	执行时间（机器周期）	代 码
ADD A,Rn	寄存器内容加到累加器A	1	1	28H～2FH
ADD A,direct	直接寻址字节加到累加器A	2	1	25H,direct
ADD A,@Ri	间接寻址RAM加到累加器A	1	1	26 H～27H
ADD A,#data	立即数加到累加器A	2	1	24H,data
ADDC A,Rn	寄存器带进位加到累加器A	1	1	38H～3FH
ADDC A,direct	直接寻址字节带进位加到累加器A	2	1	35,direct
ADDC A,@Ri	间接寻址RAM带进位加到累加器A	1	1	36 H～37H
ADDC A,#data	立即数带进位加到累加器A	2	1	34H,data
SUBB A,Rn	累加器A减去寄存器内容(带借位)	1	1	98H～9FH
SUBB A,data	累加器减去直接寻址字节(带借位)	2	1	95H,data
SUBB A,@Ri	减去间接寻址RAM(带借位)	1	1	96 H～97H
SUBB A,#data	累加器A减去立即数(带借位)	2	1	94H,data
INC A	累加器A加1	1	1	04H
INC Rn	寄存器加1	1	1	08H～0FH
INC direct	直接寻址字节加1	2	1	05H,direct
INC @Ri	间接寻址RAM加1	1	1	06 H～07H
INC DPTR	数据指针加1	1	2	A3H
DEC A	累加器A减1	1	1	14H
DEC Rn	寄存器减1	1	1	18H～1FH
DEC direct	直接寻址字节减1	2	1	15H,direct
DEC @Ri	间接寻址RAM减1	1	1	16H～17H
MUL AB	累加器A乘寄存器B	1	4	A4H
DIV AB	累加器A除以寄存器B	1	4	84H
DA A	累加器A十进制调整	1	1	D4H

3. 逻辑运算类指令

助 记 符	说 明	字节数	执行时间（机器周期）	代 码
ANL A,Rn	寄存器与到累加器 A	1	1	58H～5FH
ANL A,direct	直接寻址字节与到累加器 A	2	1	55H,direct
ANL A,@Ri	间接寻址 RAM 与到累加器 A	1	1	56H～57H
ANL A,#data	立即数与到累加器 A	2	1	54H,data
ANL direct,A	累加器 A 与到直接寻址字节	2	1	52H,direct
ANL direct,#data	立即数与到直接寻址字节	3	2	53H,direct,data
ORL A,Rn	寄存器或到累加器 A	1	1	48H～4FH
ORL A,direct	直接寻址字节或到累加器 A	2	1	45H,direct
ORL A,@Ri	间接寻址 RAM 或到累加器 A	1	1	46H～47H
ORL A,#data	立即数或到累加器 A	2	1	44H,data
ORL direct,A	累加器 A 或到直接寻址字节	2	1	42H,direct
ORL direct,#data	立即数或到直接寻址字节	3	2	43H,direct,data
XRL A,Rn	寄存器异或到累加器 A	1	1	68H～6FH
XRL A,direct	直接寻址字节异或到累加器 A	2	1	65H,direct
XRL A,@Ri	间接寻址 RAM 异或到累加器 A	1	1	66H～67H
XRL A,#data	立即数异或到累加器 A	2	1	64H,data
XRL direct,A	累加器 A 异或到直接寻址字节	2	1	62H,direct
XRL direct,#data	立即数异或到直接寻址字节	3	2	63H,direct
CLR A	累加器 A 清零	1	1	E4H
CPL A	累加器 A 求反码	1	1	F4H
RL A	累加器 A 循环左移一位	1	1	23H
RLC A	累加器 A 带进位左移一位	1	1	33H
RR A	累加器 A 右移一位	1	1	03H
RRC A	累加器 A 带进位右移一位	1	1	13H

4. 控制转移类指令

助 记 符	说 明	字节数	执行时间（机器周期）	代 码
ACALL addr 11	绝对子程序调用	2	2	*1001,addr(7-0)
LCALL addr 16	长调用子程序	3	2	12H,addr(7-0)
RET	子程序调用返回	1	2	22H
RETI	中断程序调用返回	1	2	32H
AJMP addr 11	绝对转移	2	2	*0001,addr(7-0)

续表

助　记　符	说　　明	字节数	执行时间（机器周期）	代　　码
LJMP addr 16	长转移	3	2	02H
SJMP rel	短转移	2	2	80H，rel
JMP @A+DPTR	相对于 DPTR 的间接转移	1	2	73H
JZ rel	若 A=0 则转移	2	2	60H，rel
JNZ rel	若 A≠0 则转移	2	2	70H，rel
CJNE A，direct，rel	直接数与 A 比较，不等转移	3	2	B5H，direct，rel
CJNE A，# data，rel	立即数与 A 比较，不等转移	3	2	B4H，data，rel
CJNE @Ri，# data，rel	立即数与间接 RAM 比较，不等转移	3	2	B6H～B7H，data，rel
CJNE Rn，# data，rel	立即数与寄存器比较，不等转移	3	2	B8H～BFH，data，rel
DJNZ Rn，rel	寄存器减 1 不为 0 转移	2	2	D8H～DFH，rel
DJNZ direct，rel	直接寻址字节减 1 不为 0 转移	3	2	D5H，direct，rel
NOP	空操作	1	1	00H

5. 布尔运算指令

助　记　符	说　　明	字节数	执行时间（机器周期）	代　　码
ANL C，bit	直接寻址位与到进位位	2	2	82H，bit
ANL C，/bit	直接寻址位的反码与到进位位	2	2	B0H，bit
ORL C，bit	直接寻址位或到进位位	2	2	72H，bit
ORL C，/bit	直接寻址位的反码或到进位位	2	2	A0H，bit
SETB C	进位位置 1	1	1	D3H
SETB bit	直接寻址位置 1	2	1	D2H
CLR C	进位位清零	1	1	C3H
CLR bit	直接位清零	2	1	C2H
CPL C	进位位取反	1	1	B3H
CPL bit	直接寻址位取反	2	1	B2H
JC rel	若 C=1 则转移	2	2	40H，bit
JNC rel	若 C≠1 则转移	2	2	50H，bit
JB bit，rel	若直接寻址位=1 则转移	3	2	20H，bit，rel
JNB bit，rel	若直接寻址位=0 则转移	3	2	30H，bit，rel
JBC bit，rel	若直接寻址位=1 则转移且清除	3	2	10H，bit，rel
MOV C，bit	直接寻址位送进位	2	2	A2H，bit
MOV bit，C	进位位送直接寻址位	2	2	92H，bit

附录B 实验芯片引脚

引脚名	引脚	74LS244	引脚	引脚名
1$\overline{G}$	1		20	Vcc
1A1	2		19	2$\overline{G}$
2Y4	3		18	1Y1
1A2	4		17	2A4
2Y3	5		16	1Y2
1A3	6		15	2A3
2Y2	7		14	1Y3
1A4	8		13	2A2
2Y1	9		12	1Y4
GND	10		11	2A1

八同相三态缓冲器/线驱动器

引脚名	引脚	74LS164	引脚	引脚名
S1A	1		14	Vcc
S1B	2		13	Q7
Q0	3		12	Q6
Q1	4		11	Q5
Q2	5		10	Q4
Q3	6		9	CLR
GND	7		8	CLK

八位串行输入/并行输出移位寄存器

信号	引脚		引脚	信号
$E\overline{NA}$	1		20	Vcc
1A1	2		19	$E\overline{NB}$
2Y4	3		18	1Y1
1A2	4		17	2A4
2Y3	5		16	1Y2
1A3	6	74LS240	15	2A3
2Y2	7		14	1Y3
1A4	8		13	2A2
2Y1	9		12	1Y4
GND	10		11	2A1

八反相三态缓冲器/线驱动器

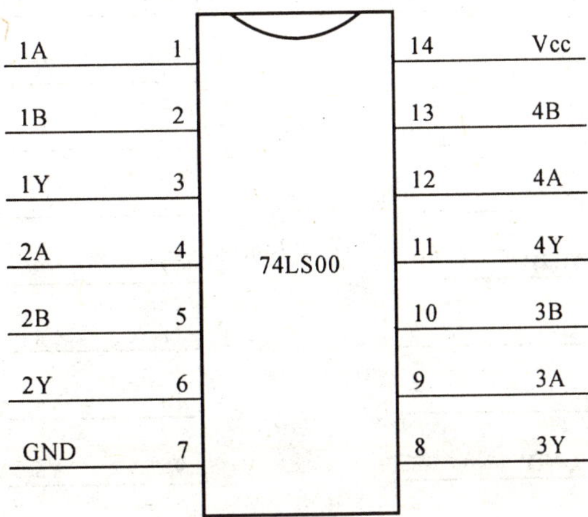

二输入端四与非门

引脚名	引脚号	74LS245	引脚号	引脚名
T/$\overline{R}$	1		20	Vcc
A0	2		19	$\overline{OE}$
A1	3		18	B0
A2	4		17	B1
A3	5		16	B2
A4	6		15	B3
A5	7		14	B4
A6	8		13	B5
A7	9		12	B6
GND	10		11	B7

八同相三态总线收发器

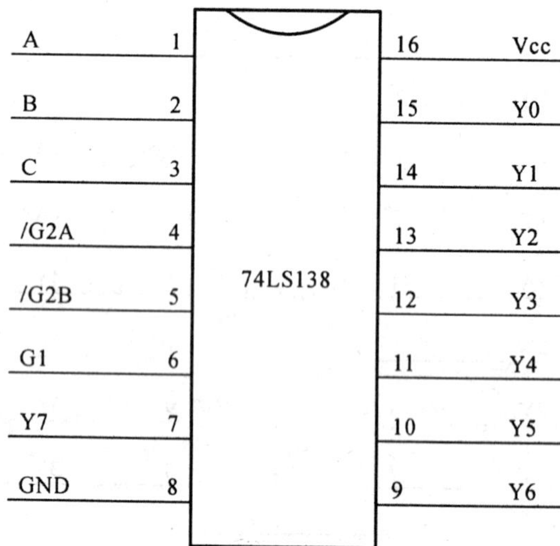

三进八出译码器

74LS373

引脚名	引脚	引脚	引脚名
$\overline{OE}$	1	20	Vcc
Q0	2	19	Q7
D0	3	18	D7
D1	4	17	D6
Q1	5	16	Q6
Q2	6	15	Q5
D2	7	14	D5
D3	8	13	D4
Q3	9	12	Q4
GND	10	11	LE

三态同相八 D 锁存器

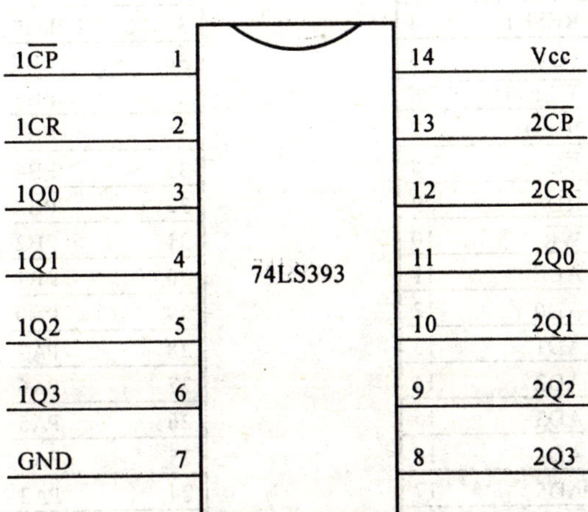

双四位二进制计数器

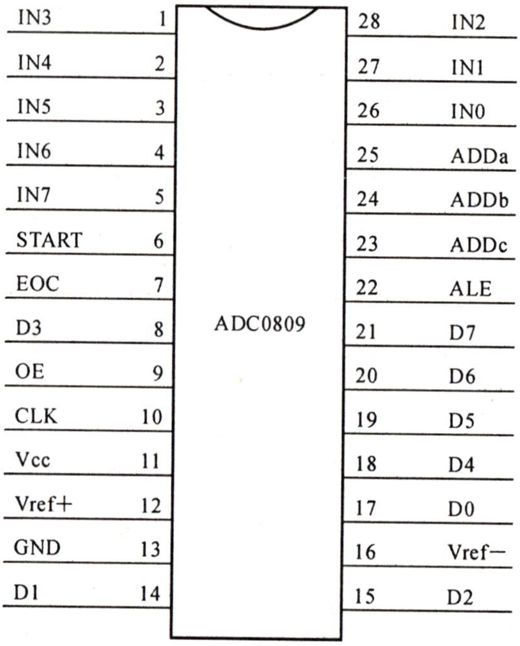
IN3 1
IN4 2
IN5 3
IN6 4
IN7 5
START 6
EOC 7
D3 8
OE 9
CLK 10
Vcc 11
Vref+ 12
GND 13
D1 14
28 IN2
27 IN1
26 IN0
25 ADDa
24 ADDb
23 ADDc
22 ALE
21 D7
20 D6
19 D5
18 D4
17 D0
16 Vref−
15 D2
ADC0809

A/D 转换器 ADC0809

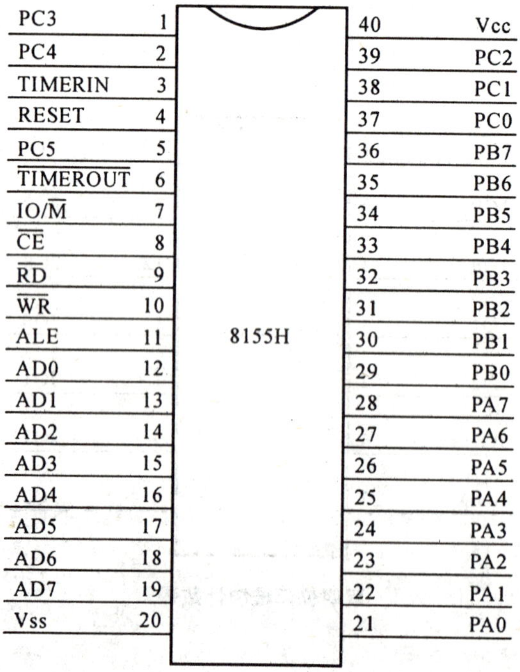
PC3 1
PC4 2
TIMERIN 3
RESET 4
PC5 5
$\overline{TIMEROUT}$ 6
IO/$\overline{M}$ 7
$\overline{CE}$ 8
$\overline{RD}$ 9
$\overline{WR}$ 10
ALE 11
AD0 12
AD1 13
AD2 14
AD3 15
AD4 16
AD5 17
AD6 18
AD7 19
Vss 20
40 Vcc
39 PC2
38 PC1
37 PC0
36 PB7
35 PB6
34 PB5
33 PB4
32 PB3
31 PB2
30 PB1
29 PB0
28 PA7
27 PA6
26 PA5
25 PA4
24 PA3
23 PA2
22 PA1
21 PA0
8155H

可编程 RAM/IO 接口芯片

引脚名	引脚	引脚	引脚名
$\overline{CS}$	1	20	Vcc
$\overline{WR1}$	2	19	ILE
GND	3	18	$\overline{WR2}$
D3	4	17	XFER
D2	5	16	D4
D1	6	15	D5
D0	7	14	D6
Vref	8	13	D7
RFB	9	12	IOUT2
GND	10	11	IOUT1

D/A 转换器 DAC0832

引脚名	引脚	引脚	引脚名
Vag	1	24	Vdd
Vref	2	23	Q3
Vx	3	22	Q2
R1	4	21	Q1
R1/C1	5	20	Q0
C1	6	19	DS1
C01	7	18	DS2
C02	8	17	DS3
DU	9	16	DS4
CLK1	10	15	$\overline{OR}$
CLK0	11	14	EOC
Vee	12	13	Vss

A/D 转换器 5G14433

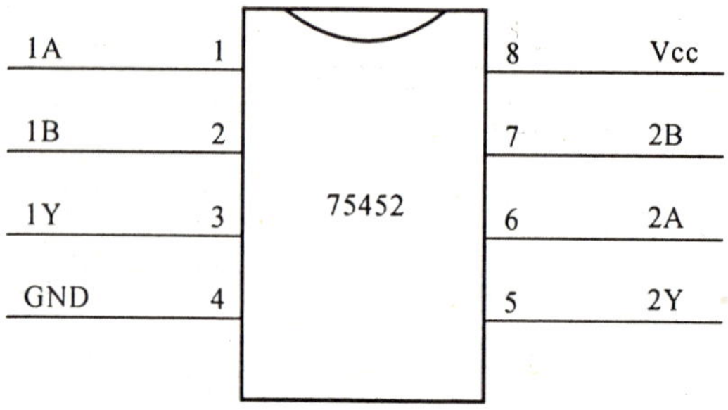

引脚名	引脚号	75452	引脚号	引脚名
1A	1		8	Vcc
1B	2		7	2B
1Y	3		6	2A
GND	4		5	2Y

双正与非驱动器

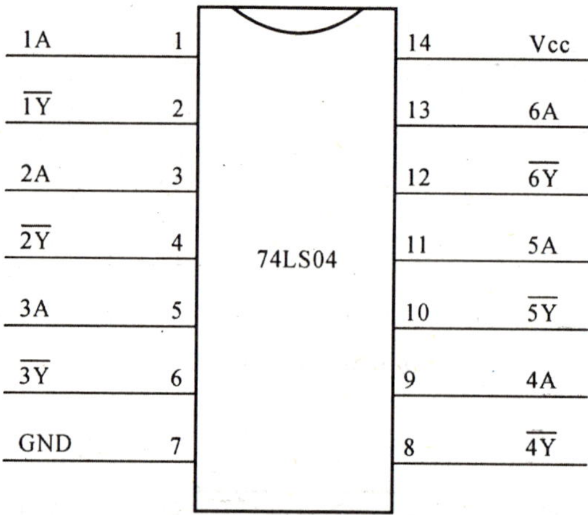

六反相器

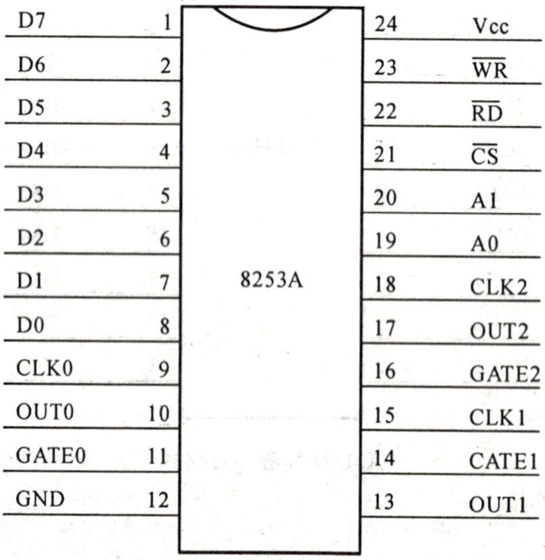

引脚名	引脚号	8253A	引脚号	引脚名
D7	1		24	Vcc
D6	2		23	$\overline{WR}$
D5	3		22	$\overline{RD}$
D4	4		21	$\overline{CS}$
D3	5		20	A1
D2	6		19	A0
D1	7		18	CLK2
D0	8		17	OUT2
CLK0	9		16	GATE2
OUT0	10		15	CLK1
GATE0	11		14	CATE1
GND	12		13	OUT1

可编程定时器

引脚名	引脚	引脚	引脚名
D2	1	28	D1
D3	2	27	D0
RxD	3	26	Vcc
GND	4	25	RXD
D4	5	24	$\overline{DTR}$
D5	6	23	$\overline{RTS}$
D6	7	22	$\overline{DSR}$
D7	8	21	RESET
$\overline{TxC}$	9	20	CLK
$\overline{WR}$	10	19	$\overline{TXD}$
$\overline{CS}$	11	18	TEMPTY
C/$\overline{D}$	12	17	$\overline{CTS}$
$\overline{RD}$	13	16	SYNDET/BD
RXRDY	14	15	TXRDY

8251A

可编程通信接口

引脚名	引脚	引脚	引脚名
RL2	1	40	Vcc
RL3	2	39	RL1
CLOCK	3	38	RL0
IRQ	4	37	CNTL/STB
RL4	5	36	SHIFT
RL5	6	35	SL3
RL6	7	34	SL2
RL7	8	33	SL1
RESET	9	32	SL0
$\overline{RD}$	10	31	OUTB3
$\overline{WR}$	11	30	OUTB2
DB0	12	29	OUTB1
DB1	13	28	OUTB0
DB2	14	27	OUTA0
DB3	15	26	OUTA1
DB4	16	25	OUTA2
DB5	17	24	OUTA3
DB6	18	23	$\overline{BD}$
DB7	19	22	$\overline{CS}$
Vss	20	21	A0

8279

键盘/显示器接口芯片

引脚名	引脚号	引脚号	引脚名
PA3	1	40	PA4
PA2	2	39	PA5
PA1	3	38	PA6
PA0	4	37	PA7
$\overline{RD}$	5	36	$\overline{WR}$
$\overline{CS}$	6	35	RESET
GND	7	34	D0
A1	8	33	D1
A0	9	32	D2
PC7	10	31	D3
PC6	11	30	D4
PC5	12	29	D5
PC4	13	28	D6
PC0	14	27	D7
PC1	15	26	Vcc
PC2	16	25	PB7
PC3	17	24	PB6
PB0	18	23	PB5
PB1	19	22	PB4
PB2	20	21	PB3

8255A

可编程并行 I/O 接口芯片

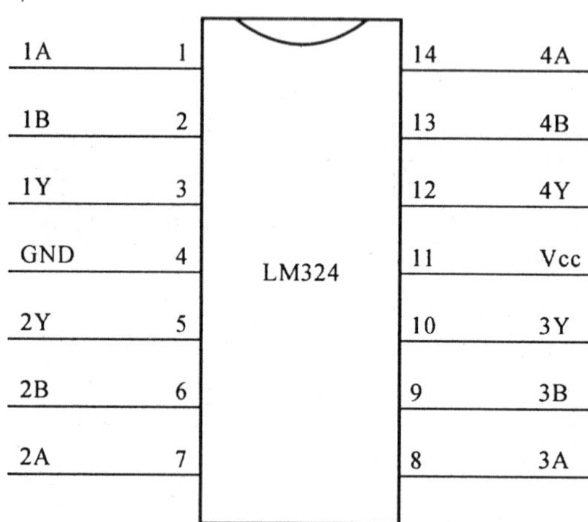

四运放器

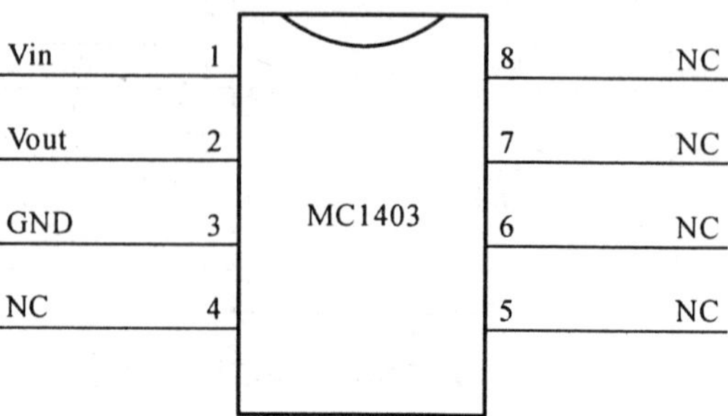

低压基准芯片

参 考 文 献

[1] 徐淑华. 单片微型机原理及应用[M]. 哈尔滨:哈尔滨工业大学出版社,1993.

[2] 张毅刚,彭喜元,董继成. 单片机原理及应用[M]. 北京:高等教育出版社,2004.

[3] 马家辰,孙玉德,张颖. MCS-51 单片机原理及接口技术[M]. 哈尔滨:哈尔滨工业大学出版社,1998.

[4] 夏继强,沈德金,邢春香. 单片机实验与实践教程[M]. 北京:北京航空航天大学出版社,1999.

[5] 薛钧义,张彦斌. 单片微型计算机及其应用[M]. 西安:西安交通大学出版社,1989.

[6] 刘海成. 单片机及应用系统设计原理与实践[M]. 北京:北京航空航天大学出版社,2009.

[7] 李北明,于铭. 单片机原理与实践教程[M]. 哈尔滨:哈尔滨工业大学出版社,2009.